# 한국현대건축총람 · 건축가

韓國現代建築總攬 · 建築家

# 1990~1999

# 한국현대건축총람 · 건축가

## 韓國現代建築總攬 · 建築家

# 1990~1999

(사)한국건축가협회 저

ㄷㅁㄱㄱ

## 발 간 사

특정 지역에서의 건조 환경에 대하여, 일정 기간에 국한된 역사를 기록하는 일은 어렵고 힘이 들지만 의미 있는 작업임에 틀림없습니다. 특히, 우리나라의 역동적 현실을 생각해 볼 때 10년 간 일어난 일련의 변화가 다른 나라의 50년, 100년에 해당되기도 하기에 기획에서부터 발간까지 5년이나 소요된 『한국현대건축총람 · 건축가(1990~1999)』는 10년이 지난 이 시점에서 볼 때 너무나 먼 과거처럼 느껴지는 부분도 있습니다.

이 책에서 다루고 있는 우리나라 건축 각 분야에서의 변화에 대한 기록은 세기 말 10년이 주는 의미를 드러낼 뿐만 아니라 앞으로도 지속적으로 이러한 작업이 이루어져야 하는 이유를 드러내는 또 하나의 시작이라고 생각됩니다.

이 책자에서 집필 단위로 나눈 건축 각 분야의 분류체계는 이전의 틀을 존중한 것이지만 이 또한 앞으로 지속적 작업을 통해 통합되거나 다시 세분되고 또 새로운 분야로 묶이게 될 것이라고 봅니다.

흩어진 자료들을 모으고 선별하고 검증하여 어려운 집필을 마친 후 또 다시 발간까지의 긴 시간을 기다려 준 집필진에게 감사드리고 이 작업의 기획과 마무리를 위해 애써 주신 한국건축가협회 관계자분들께도 감사드립니다.

이 책을 발간함으로써, '건축가들의 개별 작업 하나하나는 역사를 새로 써 가는 작업'이라는 사실을 우리 모두가 함께 공유하는 계기가 되기를 희망합니다.

2009년 12월

한국건축가협회

회상 김창수

차 례

I

# 총설

990 1991 1992
993 1994 1995
996 1997 1998
1999

1990년대 한국건축

# 현실과 아이디어로서의 건축

**정인하** | 한양대학교, 건축학부 교수

1990년대 이후의 한국건축은 그 전 시대와는 질적으로 다른 면모를 보이고 있다. 이 시기에 이루어진 건축 지형의 개략적인 변모과정을 살펴보면 이러한 상황을 좀 더 구체적으로 이해할 수 있다. 이 시기와 관련하여 가장 먼저 지적할 사항은 새로운 세대의 건축가 집단이 등장한 점이다. 그들은 김수근과 김중업으로 대변되는 한국 현대 건축의 1세대로부터 직접적인 영향을 받으면서 성장했지만, 역동적으로 변모하는 시대 상황에 맞춰 새로운 건축담론을 제안하고자 하였다. 두 번째로 건축 교육에 대한 활발한 논의가 진행되면서 다양한 교육체계가 생겨난 점을 들 수 있다. 실무 건축가를 양성하는 건축전문대학원이 여러 대학에서 연이어 개설되었고, 많은 대학의 학부 과정이 5년제로 바뀌었으며, 한국예술종합대학이나 서울건축학교와 같이 기존의 교육체제와는 분명히 차별되는 교육기관이 등장하였다. 세 번째로 〈분당주택전람회〉, 〈파주출판단지〉와 〈헤이리 아트밸리〉

에서 볼 수 있는 것처럼 국내외 건축가들이 동시에 참여하는 집단적인 건축 작업이 집중적으로 이루어진 점을 꼽을 수 있다. 이것이 가능하게 된 것은 앞서 언급한 대로 새롭게 등장한 건축가 집단의 힘이 컸다. 이와 함께 1990년대 한국건축을 특징짓는 사항은, 대전 엑스포, 아셈 회의, 한일 월드컵, 부산 아시안게임 등 다양한 국제 행사들이 한국에 유치되면서 거기에 필요한 여러 시설들이 지어졌다는 점이다. 이들 대회에 필요한 컨벤션 센터나 경기장뿐만 아니라 이들 행사를 지원하기 위한 공항, 고속철도 역사, 그리고 대규모 문화시설 등의 부대시설이 동시에 지어졌다. 마지막으로 이 시기의 건축가들은 도시적 맥락, 유형, 구축성, 지역성 등과 같은 건축적 담론들을 집중적으로 탐구하였다. 이들은 건축 자체가 가지는 본원적인 가치를 탐구한 것으로 한국건축의 외연을 확장시키는데 큰 역할을 하였고, 또한 각기 다른 층위에서 개입하면서 1990년대 한국건축의 지형도를 역동적으로 생성해내고 있다.

지금까지 1990년대 한국건축을 둘러싼 대체적인 지형도를 고찰해 보았는데, 여기서 언급한 사항들은 고정된 그 무엇이 아니라 계속해서 생성해 나가는 불안정한 경계선들이라 할 수 있다. 거기에는 이전 시대까지 진행되어 온 역사적 흔적들을 담고 있지만, 앞으로 펼쳐질 상황들에 대해서는 잠재적으로 접고 있다. 또한 앞서 언급한 여러 가지 담론들이 동일한 공간 속에 서로 조화롭게 배치되지도 않는다. 경우에 따라서는 서로 충돌하여 거대한 마찰음을 내기도 한다. 그 장은 불연속적이고 변화무쌍하기 때문에 선부른 예단을 허용하지 않는다. 이러한 상황에서 우리가 주목할 부분은, 앞서 언급한 다양한 요소들 가운데 가장 첨예하게 대립하는 논점이 무엇이냐는 것이다. 그것이야말로 1990년대의 건축적 상황을 함축적으로 드러내기 때문이다. 이 시기에 대한 다양한 논쟁점들이 등장했지만, 그들의 기저에 깔린 논점은 바로 '리얼리티(reality)'라고 생각한다. 그리고 그 리얼리티는 1990년대 한국건축의 향방과도 연관되어 있기 때문에 중요한 논점이라 할 수 있다.

그렇다면 왜 리얼리티인가? 이 질문에 대한 대답은 1990년대 한국건축이 처한 상황과 깊은 연관이 있다. 김수근과 김중업으로 대변되는 1세대 건축가들은 근대 건축을 한국 사회에 정착시키는 과정에서 건축을 선험적으로 접근할 수밖에 없었다. 그들은 서구의 앞선 문명을 가장 먼저 받아들인 선구자였고 지식인이었다. 그들은 외국의 앞선 건축 문화를 받아들이면서 거기서 그들 건축의 정당성을 찾으려 했다. 하지만 서구의 근대 건축을 주어진 결과물로서 받아들였을 뿐, 그것이 현실로부터 어떻게 도출되었느냐에 대해서는 별다른 관심을 기울이지 않았다. 그리고 당시의 한국 사회가 너무나 후진적이었기 때문에 건축가들이 몸담고 있는 현실은 건축 행위의 바탕이 되지 못했다. 이 때문에 한국의 제 1세대 건축가들은 주어진 현실에 앞서 이미 선험적으로 존재하는 하나의 모델을 설정하였다. 이에 따라 그들의 모든 관심은 설정된 선험적 모델을 어떻게 한국의 현실에 맞게 변형시키는가에 집중하게 되었다. 이러한 태도는 한국의 전통건축을 바라보는데 있어서도 비슷하게 나타난다. 그것 역시 명백하게 하나의 선험적인 모델로 상정되었기 때문이다.

하지만 이러한 패러다임은 1990년대 이전에나 가능한 것이었다. 1990년대 이후 한국 사회가 다원화되고 고도화되면서 더 이상 서구의 건축이라고 해서 한 수 접고 들어갈 필요가 없게 된 것이다. 건축가들은 스스로 담론을 만들어 내야만 했고, 이를 위해서는 건축을 생성시키는 현실을 어떤 방식으로든 이해해야만 했다. 이러한 상황은 건축을 바라보는 눈을 완전히 바꿔 놓았다. 다양한 건축적 담론들이 현실을 바탕으로 재구성되어야만 했기 때문이다. 물론 외국으로부터 계속해서 새로운 경향들이 흘러들어왔지만, 건축을 바라보는 건축가들의 기본 태도는 크게 바뀌지 않았다고 생각한다. 그리고 이러한 변화는 지역성을 이해하는데 있어서도 동일하게 나타났다. 1990년대 건축가들은 더 이상 부석사나 연경당을 디자인의 주요 준거로 사용하지 않는다. 대신 전통 마을에서 등장하는 골목과 마당을 주목하였다. 과거처럼 형식적인 측면은 논의되지 않았고, 대신 건축가들이 발 담고 있는 '현재 여기'를 어떻게 드러내느냐가 중요한 관건이 되었다. 이런 사실은 〈국립중앙박물관〉 현상설계에서 극명하게 표출되었다. 새로 지을 건물의 한국적 특성에 대해 이 현상설계의 당선자는 '양식이나 형태보다는 고건축에서 느끼는 경험'을 이야기하였다. 바로 여기서 리얼리티가 등장한다고 생각한다.

1990년대 이후의 건축가들이 다양한 담론을 표방하게 된 것도 바로 '현재 여기'를 표현하는 다양한 시각에서 출발한다고 생각한다. 건축에서 현실을 바라보는 관점은 다양하게 열려 있고, 그 현실은 다양한 가능성을 생성시키기 때문이다. 하지만 우리는 이러한 관점들을 검토하는 과정에서 두 가지 상반된 관점을 발견할 수 있다. 첫 번째 관점은 건축적 리얼리티를 하나의 쉘터를 만드는 데서 시작한다고 보는 것이다. 이것을 성취하기 위해 건축가는 여러 가지 프로그램들을 합리적으로 조직해야 한다. 이러한 관점을 가진 건축가들에게 건축은 수단일 뿐이지 궁극적인 목적이 될 수 없다. 그들에게 건축적 현실이란 재료나 기술, 그리고 경제적 여건 등과 같이 건축가를 둘러싸고 있는 경험적 현실을 의미한다. 그리고 그것을 가지고 최선의 해결책을 찾는 것이 좋은 건축이 된다. 우규승이 자신의 건축적 목표를 "건물에 주어진 현실적 여건을 가장 잘 해결하는 것"[1]이라고 강조한 데서 이러한 관점은 명확히 드러난다. 이러한 건축을 추구하는 건축가들은 건축적 담론이나 최신의 건축 언어에 그다지 민감하게 반응하지 않는다. 대신 그들은 주어진 현실을 대단히 긍정적인 받아들이고, 오직 현실의 상황을 통해서 건축의 생성 가능성을 확인하려 한다. 아이디어는 그 과정에서 생겨나고, 아이디어는 현실을 어떻게 바라보느냐를 이야기하고 있다.

이에 비해, 두 번째 관점은 건축을 다양한 아이디어들을 물리적으로 실현하는 것으로 본다. 이러한 관점을 추구하는 건축가들은 타당한 아이디어들을 현실 속에서 끄집어내서 추상화시킨 다음, 다시 그 아이디어를 통해 건축적 현실을 변모시키려고 한다. 이들은 보다 나은 리얼리티를 확보하기 위하여 사회적·교육적인 역할을 수행해야 하며, 그렇지 않다면 삶을 기만하는 것이라고 생각한다. 승효상은 1990년대 중반 건축이 가지는 세 가지 본질적 측면을 제안한 바 있다. "건축을 수행해야 하는 합목적성, 건축이 놓이는 땅에 대한 장소성, 그리고 건축이 배경으로 하는 시대성"[2]이 바로 그것이다. 이 가운데 시대성은 그의 다양한 사회 활동들을 이해하는데 중요

---

**1** 우규승과의 대담, 건축가, 1995년 3월.

**2** 승효상, 빈자의 미학, 미건사, 1996년, 11쪽.

한 근거가 된다. 그에 따르면, 건축가는 주어진 시대성을 통찰하고, 앞으로 전개될 건축적 상황에 대한 나름대로의 비전을 제시해야 한다. 이러한 태도는 다소 관념적이고 이상적일 수 있지만, 궁극적으로 현재의 문제점을 전향적으로 해결해 나간다는 점에서 리얼리티를 가진다. 이러한 생각을 가진 건축가들은 현실을 발전시킬 수 있는 아이디어를 탐구하는데 많은 시간을 보낸다. 우리의 현실 속에서 그것을 발견하고자 하지만 도움이 된다면 외국의 최신 경향을 받아들이기도 한다. 어쨌든 중요한 것은 현실적인 대안을 모색하는 것이고, 경우에 따라서는 그런 아이디어를 효과적으로 실현하기 위해 집단적인 행동에 나서기도 했다.

이러한 대립은 건축이 현실을 둘러싼 두 가지 면모를 동시에 가지기 때문에 발생한다. 즉, 건축은 현실을 조직하는 수단이자 현실을 변모시키는 아이디어이다. 1990년대 한국 건축가들은 바로 그들이 발 딛고 있는 현실에 눈을 돌리고 거기서 궁극적인 영감을 찾게 된다. 그것은 조선시대 화가들이 중국의 그림을 모방하는 대신 우리의 산하를 있는 그대로 그려서 진경시대를 열어간 것과 유사하다고 생각한다. 그래서 이 시기의 건축은 현실과 아이디어라는 두 개의 축으로 조망될 수 있다. 건축적 태도나 필요성에 따라 한편으로는 현실로부터 아이디어에 접근해 가고, 다른 한편으로는 아이디어로부터 현실에 접근해 간다. 그리고 1990년대 새롭게 등장한 건축가들은 명백히 후자의 관점에서 건축에 접근한다. 그들은 건축이 사회를 변모시킬 수 있다고 생각했으며, 이것을 실현시키기 위해 집단적으로 움직이고 있다. 따라서 이들의 생각을 우선 검토할 필요가 있다.

## 1. 새로운 건축가 집단의 등장

1990년대 이후 건축계의 변화를 주도적으로 이끌고 나갈 새로운 건축가들이 탄생한 점은 매우 특기할 만한 일이다. 사건에 따라 여러 건축가가 계속 바뀌었기 때문에 그들이 누구라고 정확하게 거론할 수 없지만, 이들은 지난 10여 년의 기간 동안 계속해서 주도적인 위치를 점해 나갔다. 그들은 마치 성운처럼 산개하면서 하나의 잠재적 흐름을 형성하였다. 이들이 등장할 당시 한국의 건축계는 여러 가지 면에서 전환기에 처하고 있었다. 1950년대 이후 건축적 담론을 주도했던 김수근과 김중업이 잇달아 타계하면서 일종의 공백 상태를 맞이하였고, 그러한 공백 상태를 메울만한 새로운 대안이나 방향이 설정되지 않았다는 점이다. 이는 혼란을 의미했고, 이러한 혼란한 상황은 1980년대 중반부터 계속되었다. 4.3 그룹으로 대변되는 40대 전후의 신진건축가[3]들이 등장하게 된 때가 바로 이즈음이다. 4.3 그룹은 이제 막 사무실을 개설하여 자신의 일을 시작하려는 건축가들로 구성되었고, 과거와는 단절된 새로운 담론을 필요로 하였다. 이들의 등장은 한국 건축계에서 상당한 의미를 갖는다. 이들 그룹이 등장하기 전까지 한국의 건축가들은 특정 이념을 표방하면서 협동한 적이 없었다. 각각의 개별 건축가로서 활동하면서, 필요한 경우 학연을 배경으로 사적인 모임을 유지하는 정도였다. 10명 이상의 건축가들이 건축 이념을 공유하면서 조직적으로 건축 활동을 펼쳐나간 것은 이들이 처음이었다.

그들은 변화를 거부하는 당시의 보수적인 건축계에 명백히 대립각을

3 4.3 그룹은 1990년 4월 3일 곽재환, 김병윤, 도창환, 동정근, 백문기, 방철린, 승효상, 우경국, 이성관, 이일훈, 이종상, 조성룡 등 모두 12명의 인원으로 결성되었고, 그해 11월에 김인철, 민현식이 가입하면서 모두 14명이 되었다.

세우고 있었다. 그것은 한국 사회에서 이루어지고 있던 격렬한 변화와 보조를 맞추는 것이었다. 당시 한국 사회는 30년 이상을 끌어 온 군사정권이 막을 내리고 민주사회가 막 정착되던 시기였다. 또한 올림픽을 계기로 모든 사회적 관행이 국제적 기준으로 개혁되고 있었다. 반면 건축계에서만은 이러한 사회적 변화에 아무런 반응을 보이지 않았다. 신진 건축가들은 이런 점을 이해할 수 없었다. 더욱이 그들의 눈에 비친 한국의 건축계는 많은 문제점을 내포하고 있었다. 외형적으로 볼 때 당시 한국의 설계사무실들은 최고의 시절을 보내고 있었다. 서울 올림픽 이후 한국 경제는 고도성장을 구가하였고, 도시에는 대형 건물들이 계속해서 지어졌다. 특히 주택 200만 호 건설을 위해 5대 신도시가 개발되면서 엄청난 물량의 일감들이 쏟아져 나왔다. 심각한 인력난에 빠지면서 건축가들은 굳이 변화를 추구하지 않아도 쉽게 돈을 벌 수 있는 그러한 시기였다. 건축사 면허를 빌려 주는 것만으로도 적잖은 수입을 챙길 수 있었다. 이 때문에 건축가로서의 직업윤리가 붕괴되었고, 건축에 대한 진지한 성찰 없이 과도한 상업주의로 흘러갈 위험성이 다분히 내포되어 있었다. 그리고 이런 잘못된 가치관과 사회병리 현상은 6~7년 후 성수대교와 삼풍백화점 붕괴라는 극단적인 사건들을 통해 표출되게 된다. 1990년에 새롭게 등장한 건축가들은 이러한 현실의 문제점들을 직시하고 있었다.

그래서 그들은 건축과 건축가의 직분을 과거와는 다르게 이해하고자 하였다. 먼저 그들은 이선 세대의 건축가들과 일정한 선을 그었다. 이들 또한 대부분 김중업과 김수근의 설계사무소에서 처음으로 건축에 입문한 건축가들이었지만, 과거의 거장들이 보였던 태도로부터 벗어나고자 하였다. 그렇다면 과연 어떤 방향이었을까? 사실 그들이 처음 등장할 당시에는 명확한 아이디어를 가지고 있지 않았다. 그들 역시 대학에서 제대로 된 건축교육을 받지 못했고, 건축에 대한 훈련(discipline)이 제대로 형성되지 않는 채 실무를 시작하였다. 이 때문에 일정시간 실무 작업을 수행했지만 자신의 생각을 어떻게 표현하고, 현실로부터 어떻게 담론과 아이디어를 생성시켜야 하는지 잘 알지 못했다. 그래서 그들이 모여서 처음 한 것은 각자의 작품들을 소개하면서 서로 비판을 주고받는 세미나를 조직하는 것이었다. 그들은 세미나를 통해 다양한 성장 과정을 거쳐 온 각 건축가들의 생각을 공유할 수 있는 장을 마련하였다. 그리고 새로운 아이디어를 만들어 내기 위해 엄청난 노력을 하였다. 이를 위해 그들은 공동으로 건축 여행을 떠나게 된다. 처음으로 여행을 간 곳은 일본이었고, 이후 유럽, 인도, 그리고 한국의 오래된 건물을 찾아다녔다. 이러한 건축 여행을 통해 그들은 궁극적으로 지역과 시대를 불문하고 좋은 건축의 기준을 마련하고자 하였다. 좋은 건축의 기준이 설정되어야만 잘못된 현실을 바꿀 수 있는 동력을 얻을 수 있기 때문에 그 과정은 매우 치열했다. 이를 통해 초기의 경향은 한국의 전통적인

삼풍백화점 붕괴

마을로부터 마당과 골목이라는 두 가지 개념을 이끌어내서 이들을 현대적으로 발전시키려 하였다. 이러한 시도에는 김수근의 영향이 여전히 남아 있다고 생각한다. 하지만 그들의 생각은 1990년대 후반에 들어서 많이 변모하게 된다. 당시 서구에서 유행하던 랜드스케이프 개념을 받아들이면서 초기의 생각들을 좀 더 보편적인 방향으로 확장시키게 된다.

어느 정도 공동의 장을 마련하고 스스로 학습의 시간을 가진 후, 이들은 본격적으로 사회 활동을 시작하였다. 그것은 건미준(건축의 미래를 준비하는 모임)의 결성으로 좀 더 구체적인 모습을 띠게 되었다. 그동안 건축계를 개혁하려는 시도는 여러 번 있었지만 좀처럼 성공을 거두지 못했다. 1987년 6월 민주화 항쟁의 열기 속에서 청건협(청년건축인협의회)이 결성되었지만 그들의 제안은 건축계의 전체 흐름에 그다지 큰 영향을 미치지 못했다. 그래서 1993년 당시 건축계가 안고 있는 모순과 문제점들을 개선하고 올바른 건축문화를 이끌어 내기 위해 건미준이 다시 결성되었다. 이 모임을 주도한 건축가들은 좀 더 조직적으로 움직여 나갔다. 김석철을 의장으로 하고, 김영섭, 조성룡, 승효상, 조건영, 정기용 등이 실무를 맡았다. 이들을 포함해서 모두 91명의 건축가와 26명의 대학교수들이 건미준에서 제안한 건축가 선언에 서명하였다. 이 과정에서 4.3 그룹 내에서도 다소 의견이 엇갈렸는데, 이는 과도하게 사회적인 문제에 참여하는 데 소극적인 건축가들도 있었기 때문이다.

이 당시 건축가들이 제기한 사항들을 살펴보면 다음 세 가지로 요약된다. 공정한 현상설계의 시행을 위해 투명한 현상설계 지침을 마련하고, 건축사법을 개정하고 건축사를 늘려 신진 건축가들이 쉽게 사무실을 열 수 있도록 하며, 건축 단체를 개혁시켜 건축가의 사회적 역할을 높이자는 것이다. 이런 제안들 가운데 처음 두 가지는 실제로 실현되었지만, 마지막 사항은 이루어지지 않았다. 하지만 중요한 사실은, 이런 사회적인 활동을 통해 건축가들은 한국건축의 근본적인 문제가 바로 건축 교육에 있다고 확신하게 된 것이다. 그들의 이러한 교육의 중요성에 대한 자각은 기존의 대학 교육과는 다른, 건축가에 의해 주도되는 건축학교를 만드는 쪽으로 발전되었다. 그들이 모델로 삼은 것은 영국에서 실무 건축가들이 모여 설립한 AA School이었다. 1994년 11월부터 설립추진위원회가 결성되었고, 2년간의 준비 작업을 거쳐 1996년 최종적으로 서울건축학교(SA)가 설립되었다. 조성룡이 교장을 맡고, 김병윤, 김인철, 민현식, 승효상, 이종상과 같은 4.3 그룹 출신의 건축가와 그 외에 김영섭, 류춘수, 정기용, 조건영, 이종호, 김종규와 같은 건축가들이 새롭게 참여하게 된다. 서울건축학교의 출범은 여러 가지 의미를 가진다. 건축가들 사이의 연대의 장을 마련했을 뿐 아니라, 신진 건축가들을 배출시키는 역할을 담당하였다. 더욱이 그것은 1990년대 중반부터 일어나게 될 건축교육의 변화에 커다란 영향을 미치게 된다.

## 2. 건축 교육제도의 변화

한국 건축사에 있어서 1990년대는 한국 대학의 건축 교육이 가장 획기적으로 변모한 시기로 기록될 것이다. 일제 식민지 시절 처음으로 대학에서 건축 교육이 실시된 이후 한국의 건축 교육은 건축설계와 건축공학을 결합한 4년제 교육과정으로 운영되어 왔다. 몇몇 대학을 제외하고는 대부분의 건축학과가 공과대학에 소속되어 있으면서 주로 이과계통의 학생들을 받아들여 교육시키고 있었다. 이미 서구에서는 오랜 전부터 공학교육과 설계교육을 분리시키고 있었지만 한국에서는 그렇지 못했다. 여기에 설계 교수들이 작품 활동을 하지 못하도록 법으로 규정하고 있어서 대학교수들은 오랫동안 실무와 유리되어 있었다. 이에 따라 설계 교육이 매우 부실해졌고, 건축과 도시환경의 전반적인 질적 저하로 이어졌다. 이러한 교육 여건 때문에 미래의 건축가들을 거의 무지 속에 방치되어 있었다. 새롭게 건축적 담론을 생성시킬 능력도, 실무적인 전문성을 갖추는 것도 이러한 열악한 교육 환경에서는 이룰 수가 없었다. 1990년대 이후 이러한 체계는 명확한 한계를 드러냈고 새로운 변화가 필요했다.

이러한 상황은 두 가지 도전에 직면하게 된다. 첫 번째는 내부의 자발적인 자각을 통해 새로운 변화를 추구한 것이고, 두 번째는 국제적인 상황이 변하여 더 이상 한국식 건축 교육이 유효하지 않게 된 것이다. 특히 자발적인 자각은 새로운 변화를 위한 중요한 역할을 하였다. 교육체제의 변화에 가장 빨리 반응한 곳은 경기대학교였다. 신생 대학이어서 지명도가 없었던 이 학교는 외국의 건축 교육 방식을 적극적으로 도입하고자 하였다. 그래서 1990년대 초 한국에서 최초로 실무 건축가를 설계 디렉터로 초빙하여 설계 교육에 관한 모든 권한을 이임하였다. 4.3 그룹의 멤버였던 도창환과 김병윤에게 초대 디렉터의 역할이 맡겨졌고, 그들은 설계 스튜디오 중심의 교육 프로그램을 짜서, 이것을 바탕으로 주위의 건축가들을 끌어 모았다. 이런 시도는 신선했고, 건축 교육에 많은 변화를 몰고 왔다. 경기대학교는 이러한 생각을 발전시켜 1994년에 건축전문대학원을 설립하였다. 모든 교육은 설계 스튜디오를 중심으로 이루어지도록 했고, 외국에서 교육받고 귀국한 젊은 건축가들을 튜터로 포진시켰다. 경기대학교의 변화는 성공적인 평가를 받았고, 이후 한양대학교, 건국대학교, 경희대학교 등에서 건축대학원이 만들어지는 계기를 마련하였다. 그리고 이런 변화는 한국종합예술대학에 건축학과를 개설하는 데까지 이어졌다. 건축가를 양성하기 위해 만들어진 이 학교는 서울건축학교의 멤버들을 중심으로 교수진을 구성하였다. 그리고 한국건축가협회 주도로 한국건축가학교(SAKIA)가 생겨난 것도 이러한 흐름과 정확하게 연결되는 것이다. 이러한 교육의 개혁을 관통하는 공통점은 건축가와 설계 스튜디오가 중심이 되는 건축 교육을 하는 것이었고, 설계를 일방적으로 가르치는 것이 아니라 학생들로 하여금 스스로 주어진 현실 속에서 건축 담론을 만들어 나가는 법을 배우도록 하였다.

이러한 변화는 국제적인 여건 변화와 맞물리면서 한국 대학 전체로 확산되었다. 즉, 세계무역기구(WTO) 체계가 결성되면서 거기서 각 나라의 지적 서비스 분야의 개방을 주요 의제로 논의하게 되었다. 이어 WTO에서 설계 용역에 관한 다자간 협상 기준을 국제건축가연맹(UIA)에 위임하였고, 1999년 6월 UIA 베이징 회의에서 설계 용역 시장의 국제적 개방을 위한 상호 인정 기준이 마련되었다. 여기에는 건축사의 전문성을 확보하기 위한 건축 교육의 내용과 기간, 그리고 실무 훈련 내용을 포함하는 세부 내용들이 포함되어 있었다. 특히 이 가운데 50학점 이상을 요구하는 설계 교육이 한국에서는 문제가 되었다. 이에 따라 국내 대학들도 국제적인 인증 기준에 부합하는 방향으로 교육 제도를 대폭 개편하게 되었고, 이 과정에서 교육 연한을 5년제로 할 것인지 아니면 4+2년제로 할 것인지에 대한 많은 논란이 일어나게 되었다. 그 결과 많은 대학교들이 5년제 건축 설계 6학점의 건축 교육 프로그램을 도입하였다. 이러한 교육편제의 개편은 건축 교육에 심대한 영향을 미치게 되었다. 먼저, 건축설계 교육과 건축공학 교육이 완전히 분리되어 설계 교육을 강화하는 방향으로 프로그램을 짜게 되었고, 두 번째로 건축설계 교육이 대폭 늘어나면서 많은 실무 건축가들이 스튜디오를 개설하게 되었고, 기존의 학구적인 교수들 대신 설계 교육에 주요 주체로서 등장하게 된 것이다.

## 3. 집단적인 건축 작업들

1990년대 한국의 건축에 등장한 또 다른 특징은 바로 건축가들이 집단적으로 모여 공동의 작업을 펼친 것이다. 이러한 현상은 이 시기에 새롭게 등장한 건축가들의 특성을 고려해 본다면 쉽게 예견될 수 있는 일이었다. 그들은 건축 이념을 공유하면서, 집단적으로 건축의 사회적인 역할을 수행하길 원했다. 물론 이러한 시도가 건축사적으로 볼 때 처음은 아니다. 멀리로는 독일의 바이센호프 지들룽을 시작으로 베를린 IBA 주거단지에서, 가까이로는 후쿠오카의 넥서스 월드에서 비슷한 시도들이 계속해서 이루어져 왔다. 한국에서도 1960년대 초반에 계획된 워커힐 프로젝트와 1960년대 말의 국회의사당 설계에서 건축가들의 집단적인 작업이 이루어졌다. 그러나 그러한 시도가 한국건축의 발전에 긍정적으로 작용하지 못했고, 심지어 건축가들 사이의 반목으로 퇴행적인 결과를 가져오기도 했다. 반면 1990년대 이후의 시도들은 명확히 아이디어를 공유하면서 한국건축의 현실을 전반적으로 끌어올리는 결과를 가져 왔다는 점에서 과거와 명확히 구분되었다.

최초의 시도는 1991년에 실시된 〈가회동 11번지 주거계획 건축전시회〉에서 이루어졌다. 이것은 8년 만에 한옥보존지구 지정이 해제된 가회동 11번지를 대상으로 김인철, 백문기, 우경국, 이종상, 장세양, 조성룡 등 6명의 건축가들이 각기 개발을 전제로 계획안을 만드는 것이었다. 이 프로젝트에 이들 건축가들이 참여하게 된 것은, 전체 코디네이터를 맡은 김광현이 4.3 그룹에 참여를 요청하면서였다. 여기서 건축가들이 특히 주목한 것은 한옥보존지구에 등장하는 길과 마당이었다. 거기에는 폐쇄된 마당을 중심으로 한 전통적인 생활 방식과 도시적 생활이 공존해 있고, 또한 개별 주거를 연결하는 자연발생적인 골목길들이 매우 특이한 방식으로 존재하였다. 그것은 개체를 전체와 유기적으로 연결하는 방식이었다. 이와 함께 도시형 한옥 자체가 모두 대량 생산되었기 때문에 일정한 칸을 가지고 있었고, 건축가들은 이것을 현대 건축에서의 모듈 개념으로 이해하고, 이를 통해 공간의 융통성과 경제성을 확보하려는 시도가 이루어졌다.

이런 세 가지 개념은 이 전시회에 참여하지 않은 다른 건축가들도 모두 공유한 개념이었다. 1991년 제2회 아시아 디자인 포럼(Asia Design Forum, ADF)이 서울에서 열렸을 때, 4.3 그룹의 건축가들이 대거 참석하여 각자 생각을 발표하였는데, 이때 승효상은 대부분의 건축가들이 한국건축의 주요 개념으로 마당을 내세우고 있다는 점을 발견하고 놀라게 된다. 이러한 생각은 김수근으로부터 많은 영향을 받은 것이 틀림없지만, 보다 현실에 기반하고 있다는 점이 다르다. 우경국은 당시의 이러한 생각을 잘 요약하고 있다. "한국 전통 건축 개념의 두드러진 특징은 건물이 밖으로는 폐쇄적이고 안으로는 개방적인 구조를 지닌 것이라 할 수 있다. 그리고 건물을 여러 채로 나누면서 그 사이에 마당이나 틈새 같은 작은 공간을 두어 이 틈새로 빛을 끌어들이는 것이다. 건물 중심에 있는 이 작은 빈 공간을 향해 모든 방들은 열리게 된다."[4] 이러한 생각은 그가 설계한 〈몽학재〉에서 잘 나타난다. 거기서는 두 채의 건물이 나란히 서 있고, 그 사이에 마당과 유사한 공간을 집어넣었다.

승효상이 설계한 〈수졸당〉 역시 마당을 주요 주제로 내세우고 있다. 여기서 건축가는 여러 채로 나누어진 건물들 사이로 다양한 종류의 마당을 선보이고 있다. 흙마당, 마루마당, 뒷마당이 바로 그들이다. 이 가운데 마

4 우경국, 채와 채 그리고 사이 빛, 건축과 환경, 1990년 10월.

루마당은 도시형 한옥에서 등장하는 중심마당처럼 건물의 가운데 위치하면서 다양한 기능들을 담아내고 있다. 그 공간은 비어 있지만 언제든지 채워질 잠재성을 가지고 있어서 정신적으로 충만한 공간을 만들어낸다. 이것을 통해 승효상은 새로운 도시 주택의 유형을 만들고자 했던 것으로 보인다. 민현식 역시 이런 마당의 개념에 많은 관심을 가지고 있었다. 정확히 말하자면 그는 '비어 있는 마당'을 중심 주제로 채택하고 있었다. 그에게 비움은 공간에 일의적이고 중립적인 가치를 부여하기 위해서였다. 이를 위해 마당을 중심으로 생활이 이루어지도록 하였다. "마당이 마당으로서 성립되려면, 가장 중요한 것은 그 마당이 생활로 둘러싸여 있어야 비워져 있다는 의미가 더욱 크다는 것이다. 그리고 지붕선 사이로 보이는 사각형 하늘, 여러 가지 형태로 열려진 공간들이 마당을 성립시켜 주는 요소들이다. 이런 것들과 생활이 겹쳐지면서 항상 외부와 연결되게 된다."[5] 민현식의 이러한 생각은 그가 설계한 〈국립국악학교〉와 〈신도리코 기숙사〉에서 잘 드러난다.

조성룡도 이들과 비슷한 시각을 보여 주고 있다. 〈아시아선수촌아파트〉를 설계한 이후 그는 공동주택의 설계에 많은 관심을 가지고 있었다. 〈해운대빌리지〉와 〈분당연립주택〉을 설계하면서 그는 전통적인 마을에서 등장하는 마당과 골목길, 그리고 보행로를 집어넣고자 하였다. "이들 공간은 대부분 주민들의 외부 활동이 일어나는 곳으로, 이곳을 통해 공동체적인 유대감을 회복할 수 있다고 보았다."[6] 건축가는 그러한 생각을 실현하기 위해 각 세대로 이어지는 외부 계단과 공중 보도를 집중적으로 이용하였

5 민현식과의 대담, 건축과 환경, 1993년 3월.
6 조성룡, 도시주거의 풍경, 플러스, 1995년 10월.

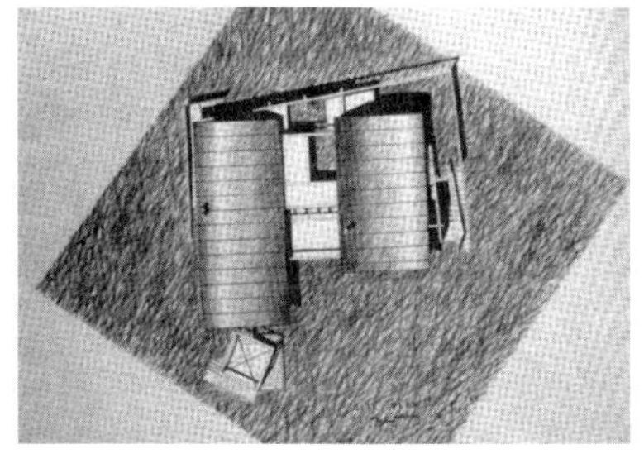

↖ 우경국, 몽학재
↗ 승효상, 수졸당
← 민현식, 국립국악학교
→ 민현식, 의정부 성약교회
↙ 조성룡, 해운대빌리지
↘ 조성룡, 분당연립주택

다. 방철린 역시 〈하늘마당〉 연작을 통해 비슷한 시도를 하고 있다. 도심 한 가운데 다세대 주택을 설계하면서 그는 좁은 계단과 복도를 층별로 다양하게 집어넣어, 마치 전통마을에서 등장하는 골목길과 마당처럼 다양한 행위들이 일어나도록 하였다. 건축가는 그것을 통해 이 건물에 사는 주민들이 유기적인 공동체를 형성하기를 원했다.

길과 마당을 중심으로 한 이러한 생각들은, 건축가들에 의해 도시적 맥락과 건축을 보다 유기적으로 결합시키려는 단계로 발전하게 된다. 이런 생각을 집중적으로 탐구한 건축가는 승효상, 이종호, 양남철이었다. 특히 승효상이 설계한 〈동숭동 문화공간〉은 이런 생각을 잘 드러낸다. 이 건물이 들어설 대지는 앞뒤로 각각 6m 도로에 걸쳐 있었다. 건축가는 보행자들이 이 대지를 관통하여 쉽게 두 도로 사이를 오갈 수 있도록 배려하고자 하였다. 그래서 "두 길을 연결하는 사이 길을 건물 내부에 설정하는 일이 중요한 개념으로 자리 잡게 된다. 건축가는 비록 1.8m의 크지 않는 통로이지만 건물을 관통하는 골목길을 만들고, 이 골목길에 면한 건물의 입면을 투명하게 하여 보행자들이 건물을 즐길 수 있도록 하였다."[7] 이종호와 양남철이 설계한 〈바른손센터〉 역시 전통적인 가로체계를 건물 저층부에 집어넣어서, 그것이 현대적인 오피스 빌딩에 적용될 수 있다는 가능성을 실험하고 있다. 이처럼 길과 마당을 통해 건축가들이 건축과 도시적 맥락을 결합시키려 했다면, 김인철은 앞서 언급한 건축가들과는 다른 방향으로 도시적 맥락을 고려하였다. 그는 〈김옥길 기념관〉을 설계하면서 내부 공간이 그 한계를 넘어서서 주변으로 확장되기를 바랐다. 그래서 높이가 다른 작

7 승효상, 작가노트, 플러스, 1997년 2월.

은 벽들이 켜를 이루도록 하여, 내부 공간이 그 켜들 사이를 통해 바깥으로 확장되도록 하였다. 이를 통해 건물과 도시의 맥락이 조화롭게 결합되기를 원했다.

가회동에서의 공동 작업은 매우 흥미로운 시도였지만 현실적으로 이루어지지는 않았다. 대신 건축가들의 집단적인 작업은 1993년 분당 신도시에서 다시 이루어지게 되었다. 이것은 분당 신도시의 주거환경과 건축적 수준을 높이기 위해 전체 단지를 205개의 필지로 구획하여 여기에 국내

↖ 방철린, 하늘마당
↗ 이종호, 양남철, 바른손센터
↙ 승효상, 동승동 문화공간
↘ 김인철, 김옥길 기념관

건축가 21명이 단독주택 24가구와 공동주택 181가구를 짓는 프로젝트였다. 전체적인 기획은 분당 신도시를 설계한 안건혁이 담당하고, 4.3그룹의 건축가로서는 김인철, 승효상, 민현식, 조성룡, 이성관 등이 참석하게 되었다. 하지만 이 시도는 두 가지 점 때문에 성공을 거두지 못했다. 먼저, 각 참여 건축가들 사이에 하나의 통합된 마을을 형성시키려는 인식의 기반이 형성되지 못했다. 그것은 참가 건축가들의 경향이 너무 이질적이었기 때문이다. 그들 각각이 주거를 바라보는 시각차가 너무나 현격해서, 원래 취지대로 한국의 주거문화에 대한 의미 있는 결론을 끄집어낼 수 없었다. 여기에다 강력한 코디네이터가 존재하지 않아 각 건물들이 유기적으로 결합된 전체를 형성하지 못하고, 마치 모자이크처럼 각각의 건물들이 서로 경쟁하는 관계를 형성하게 되었다. 이와 함께 실행 과정에서 시행 주체가 한국토지개발공사에서 민간 건설업체들로 바뀐 것도 나쁜 방향으로 작용하였다. 이에 따라 주거 자체의 본질을 실험해 보려던 전시회는 부유층을 위한 고급주택을 설계하는 쪽으로 성격이 바뀌었고, 건물의 시공마저도 IMF 사태로 건설 회사들이 부도나면서 제대로 이루어지지 못했다.

승효상은 '분당주택전람회'를 통해 많은 교훈을 얻었고, 이후 그가 코디네이터 역할을 담당하게 될 파주출판단지의 설계에서는 이런 문제점을 적극적으로 해결하려 하였다. 파주출판단지는 여러 가지 점에서 1990년대 새롭게 등장한 건축가들의 생각이 많이 바뀌었음을 보여 주고 있다. 특히 거기에는 유럽에서 유행하던 랜드스케이프 개념들이 반영되어 있어서 주목할 만하다. 한국의 건축가들에게 이 개념들을 소개한 사람은 김종규였다. 그가 1990년대 초반 AA school에 머물 당시, 이 학교에서는 랜드스케이프 개념이 발전되고 있었다. 또한 그가 영국에서 함께 작업하였던 플로리안 베이겔이 이 분야에 정통한 건축가였다. 그래서 김종규가 한국에 귀국한 후 베이겔을 서울건축학교에 초청하였고, 이를 계기로 승효상이 그를 알게 되었으며 그의 도움으로 1년 간 런던에 머물면서 랜드스케이프의 개념을 진지하게 연구한 것으로 보인다. 이 개념은 그 동안 승효상이 발전시켜온 생각들과 별반 다르지 않았기 때문에 받아들이는 데 그다지 큰 문제가 없었다. 오히려 한국적인 전통을 바탕으로 도출한 마당이나 길의 개념들이 어반 보이드(unban void)와 같은 서구적인 개념들과 밀접한 관계를 가지고 있어서 승효상은 자신의 생각이 보편적으로 발전될 수 있다는 가능성을 확인할 수 있었다.

〈파주출판단지〉는 도시 랜드스케이프(urban landscape)를 만드는 것을 목표로 하였다. 그것은 도시도 아니며, 그렇다고 순수한 랜드스케이프를 만드는 것도 아니고, 이 두 가지 성격을 모두 가지는 것이었다. 그래서 이 단지의 주요 외부 공간 계획은 주어진 자연 환경으로부터 도출된다. 즉, "랜드스케이프의 규준으로 상정된 평행한 4개의 도로의 선들, 그것들과 거의 같은 방향으로 흐르는 수로, 그리고 산기슭의 대지 경계선이 전체 외부 공간을 지배하였다."[8] 이렇게 외부 공간을 설정해 놓고 건축가들은 대지의 형상에 맞는 다양한 건축 유형을 제시하였다. 그리고 앞으로 지어지게 될 건물들은 지정된 유형들이 한계 내에서 설계가 이루어지도록 하였다. 여러 가지 유형 가운데 가장 재미있는 것은 서가유형(bookshelf unit)이다. 승효

---

8 김영준, 파주출판도시건축설계지침, 이상건축, 2001년 2월.

상은 이 유형을 〈수백당〉과 〈웰콤 시티〉를 통해 이미 실현한 바가 있었다. 이 두 작품은 비슷한 모양을 가지고 있지만, 그 성격은 다소 다르다. 〈수백당〉에서 건축가는 한국 전통 건축에서 특징적으로 등장하는 다중심적이고 다시점적인 공간을 만들고자 하였다.[9] 이를 위해 네 채의 건물과 그 사이의 세 개의 마당은 모두가 동일한 위계를 지니면서 병치되도록 하였다. 〈웰콤 시티〉 역시 비슷한 배치 방식을 택하고 있다. 그렇지만 이 건물에서는 건물 사이로 난 빈 공간에 도시적인 가치를 부여하고자 하였다. 그것은 〈동숭동 문화공간〉 이후 건축가가 일관되게 발전시켜 온 주제이기도 했다. 한편으로는 잘게 쪼개진 건물들을 주변의 도시적 맥락과 조응하면서, 다른 한편으로 그 건물들 사이로 난 공간들에 다양한 행위들을 유발시키려는 것이다. 기능상의 어려움에도 불구하고 그 사이 공간은 다양한 동선을 통합하면서 건물이 바깥을 향해 열리도록 하였다. 승효상은 자신의 이런 생각을 파주출판단지라는 보다 넓은 스케일의 대지에서 실현하려 하였다. 이러한 생각에 따라 비슷한 유형의 건물들이 파주출판단지에 많이 지어졌는데, 김헌의 〈한길사 사옥〉, 김병윤의 〈파주 아시아출판문화정보센터〉는 그 대표적인 건물들이다.

하지만 승효상이 생각했던 초기 개념들이 그대로 적용되기에는 여러 가지 한계를 가지고 있었다. 먼저 결정적인 결함은, 승효상이 이 프로젝트에 개입하기에 앞서 이곳의 전체 마스터플랜이 황기원에 의해 작성되었고, 그것을 바탕으로 토목공사가 진행되고 있었던 것이다. 승효상이 코디네이터로 개입한 것은 그 이후였기 때문에 도로에 의한 공간의 구분이 너무나

---

**9** 승효상, 어번 보이드-웰콤 시티, 이상건축, 2000년 6월.

↖ 김헌, 한길사 사옥
↗ 김병윤, 파주 아시아출판문화정보센터
← 파주출판단지
→ 승효상, 수백당
↘ 승효상, 웰콤시티

도 명확하여 아무리 건축적으로 흩트려 놓아도 거기에는 베이겔이 제시한 불확정적 공간(indeterminate space)이 침투할 여지가 별로 없었다. 두 번째로 최근에 서구에서 제기된 랜드스케이프 건축의 주요 개념이 승효상의 생각과 상충되는 부분이 있다고 생각한다. 근본적으로 서구에서 제기되는 비움의 개념은 무한한 생성을 전제로 제안된 것이다. 그것은 차이를 긍정하면서 다양성과 무질서를 향해 무한히 발산해 나간다. 그것은 끝이 열려 있는 사유체계이다. 이런 생각을 받아들일 경우 건축가들은 비워진 장소 속에 접혀 있는 잠재성이 계속해서 펼쳐나가도록 해 주는 역할을 담당해야 한다. 그렇지만 민현식과 마찬가지로 승효상의 비움은 청교도적인 세계를 바탕으로 하나의 질서로 수렴된다. 건물 사이로 비어진 공간들은 그 엄숙함으로 인해 사람들의 접근을 어렵게 만든다. 그리고 기하학적인 오브제로서 건축물들은 비워진 공간과 대립하면서 잠재적인 생성 가능성을 한정 짓고 있다. FOA나 자하 하디드의 건물과 승효상과 민현식의 건물을 비교해 보면 그들 사이에 랜드스케이프의 개념의 차이가 명확하게 존재한다는 사실을 알 수 있다.

파주출판단지와 인접한 곳에 형성된 〈헤이리 아트밸리〉는 차이와 생성이라는 관점에서 본다면 파주출판단지보다 한 발짝 더 나갔다고 여겨진다. 이것은 건축가들이 처음 마스터플랜을 짤 때부터 참여하여 랜드스케이프 개념을 실현할 수 있는 좋은 여건을 만들었기 때문이다. 그 결과 격자형의 도로 패턴을 탈피하여 부정형의 네트워크가 형성되었고, 모든 건물들은 이것을 바탕으로 들어서게 된다. 이렇게 전체 마스터플랜이 만들어진 다음, 김종규와 김준성이 공동으로 건축 코디네이터를 맡아서 건축에 관한 전반적인 설계 지침을 작성하였다. 그 과정에서 건축가들은 "구축물과 대지를 관계의 관점에서 이해해야 한다"고 제안하고 있다. 그것은 랜드스케이프 건축의 본질적인 측면을 드러내고 있다. "이런 관계의 관점에서 해석하면 외부 공간은 물론 그와 연계한 내부 공간의 영역까지 무한히 확장될 수 있는 가능성을 내포하게 된다."[10] 이런 생각을 실현하기 위해 건축가들은 대지 전체에 세 가지 종류의 인공 패치(patch)를 깔았다. 그것은 대지를 인공화하여 건축적 랜드스케이프로 만들려는 의도였다. 그들은 철저히 지형의 흐름의 따르면서 건축적 가능성을 생성시키는 바탕이 된다. 이 경우 자연과 인공물, 랜드스케이프와 내부공간은 서로 대립하지 않고 서로 녹아들어가 전체로서 융화하게 된다.

김종규와 김준성이 설계한 단지 초입의 〈커뮤니티하우스〉는 이러한 생각을 잘 반영하고 있다. 거기서 건물과 대지는 서로 관입되어 구분이 쉽지 않다. 굴곡진 땅처럼 곡선으로 처리된 이 건물의 지붕은 인공물이면서 동시에 대지와 같은 역할을 한다. 이러한 관계는 랜드스케이프 건축의 핵심적인 생각을 드러낸다. 이러한 생각과 함께 건축가들이 중요하게 생각한 개념이 바로 불확정성이다. 그렇지만 그들이 제안한 불확정성이란 렘 콜하스나 베르나르 츄미가 제안한 그것과는 다소 달랐다. 도시 활동을 담는 프로그램들을 서로 충돌시켜 거기서 일련의 사건들을 우연적으로 생성시키기보다는, 하나의 필지에 최대한의 건물 볼륨을 설정한 다음, 이것을 필요에 따라서 단계적으로 실현해 나가려는 전략이었다. 건축주의 사정에 따라

10 김종규, 김준성, 「헤이리 아트밸리 건축설계지침」, 2002년 10월.

서 건물들은 최대한의 볼륨으로 지어지지도 않고 중간에 그만 지어질 수도 있다. 그래서 건축가들이 제안한 프로그램은 어떤 확정되지 않는 잠재적인 가능성만을 가지게 된다. 여기서 건축가들은 불확정성을 가지게 된다고 보았다.

〈헤이리 아트밸리〉는 아직 완성이 되지 않았고 진행 중이기 때문에 그 건축적 성과에 대해 명확한 판단을 내리기는 힘들다. 하지만 현재 상황만을 고려할 때 가장 큰 결함은 랜드스케이프라는 기본 개념을 바탕으로 전체 계획이 이루어졌음에도 불구하고 정작 거기에는 조경이 빠져 있다는 점이다. 여기에서 이야기하는 조경이란 건축가들이 주장하는 추상적인 개념으로서 랜드스케이프가 아니라, 개별 장소에서 실제적으로 이루어지는 자연과 건축과의 만남을 의미한다. 거기에는 독립된 건물만이 덩그러니 놓여 있고 건물과 건물을 자연스럽게 연결해 주는 조경은 거의 없다. 이 프로젝트에 참여한 대다수의 건축가들은 조경이 가지는 진정한 의미를 간과하고 있다. 특히 이곳은 건물들이 밀집된 도심이 아니라 한적한 교외이기 때문에 조경의 필요성은 더욱 커진다. 물론 이러한 결함은 많은 건축주와 건축가들이 동시에 설계에 참여하면서 생겨난 일시적인 현상일 수 있다. 그렇지만 보다 근본적으로는 한국의 건축가들이 별다른 여과장치 없이 서구의 건축 개념을 그대로 가져오면서 생겨난 문제라고 생각한다. 최근 랜드스케이프 개념을 발전시킨 영국이나 북구 유럽의 나라들은 '픽처레스크(picturesque)'라는 매우 강한 전통을 가지고 있다. 그래서 이들 나라의 건축가들이 주장하는 랜드스케이프의 개념은 그들의 자연이나 현실과 어떤 방식으로든 연관될 수밖에 없다. 반면 우리는 그러한 전통을 가지고 있지 않다. 헤이리의 건축가들은 이러한 우리의 건축 현실을 유념해 두고 우리의 리얼리티에 대해 되돌아볼 필요가 있었다. 이러한 현실적 차이에 대한 진지한 성찰 없이는 〈헤이리 아트밸리〉가 우리시대 한국건축의 본질적 측면을 건드릴 수 없다고 생각한다.

그러한 점에서 건축가 조성룡과 조경 설계 서안에서 설계한 〈선유도공원〉은 랜드스케이프 건축이 가지는 진정한 덕목을 드러낸 작품으로 평가받을만하다. 여기서 건축은 자신의 존재를 주장하기 보다는 연속된 풍경 속으로 조용히 물러나 있다. 그리고 그 공원 속에서는 지난 시기 이곳을 지배해 온 시간의 흔적들을 고통스럽게 부둥켜안으려는 의지가 담겨 있다. 새로운 계획안이 실현되기 이전의 선유도에는 1970년대 말에 건설된 선유정수장

↖ 헤이리 아트벨리
↙ 김종규, 김준성, 커뮤니티하우스
→ 조성룡, 선유도공원

이 존재했었다. 건축가와 조경전문가들은 이곳에 세워져 있던 거친 구조물들과 기계장치들을 통해 산업사회가 자연에 가한 거친 폭력성을 확인할 수 있었다. 그리고 그 폭력성을 어떤 방식으로든 해체하고자 하였다. 그렇지만 그들이 택한 방식은 과거의 흔적들을 완전히 지워버리는 것이 아니었다. "대신 거친 콘크리트 안에 푸르른 식물들이 자리 잡고 자라나도록 하여, 자연과 현대 산업사회가 화해할 수 있는 방법을 모색하였다."[11] 여기서 우리는 랜드스케이프를 통해 우리의 현실을 되돌아보게 하는 설계자들의 성숙함을 발견할 수 있다. 거기서 랜드스케이프는 더 이상 인위적인 개념도 아니고 건축의 장식품도 아니다. 바로 현실 그 자체이며 그 현실을 새롭게 생성시키는 아이디어가 된다.

## 4. 리얼리티란 무엇인가?

1990년대 새로이 등장한 건축가들은 집단적인 작업을 통해 건축적 현실을 개선하고 새로운 건축 개념들을 발전시켜 나갔다. 분명 그것은 1990년대 한국건축의 지형을 형성시키는 중요한 동력으로 작용하였다. 반면 이들과 다르게 건축적 현실을 바라본 건축가들도 많았다. 그들은 개별적인 작업에 몰두하면서 다른 건축가들과의 연대보다는 건축 자체가 가지는 본원적인 가치에 치중하였다. 건축적 아이디어를 내세우기 보다는 각 건물이 처한 현실을 다양한 방식으로 해석하면서 건물을 설계해 나갔다. 이에 따라 그

---

**11** 선유도공원, 이상건축, 2002년 7월.

들이 설계한 건물들은 명료한 담론 체계로서 이해되기 보다는 주어진 현실 그 자체에 대한 최적의 결과물로서 제시되었다. 물론 그 현실을 어떻게 받아들이느냐는 건축가들마다 달랐다. 하지만 그들의 중요한 공통점은 건축의 목표를 효율적이고 안전한 쉘터를 짓는 것으로 설정하고, 현실적 여건에 맞춰 다양한 아이디어들을 발전시켜 나간 점이다.

이 시기에 많은 건축가들은 다양한 방식으로 리얼리티를 탐구하였다. 이 가운데 특별한 성과를 거둔 부분이 지역성, 프로그램 유형, 그리고 구축성이라는 세 가지 개념이라고 생각한다. 이들은 1990년대 한국의 건축가들이 건축적 현실을 바라보았던 관점을 대변한다. 지역성을 강조하는 건축가들은 건축적 현실을 지역의 특수성과 연관시켰다. 그들에게 건축적 현실이란 건물이 기반으로 하고 있는 특수한 환경과, 이들과 조화를 이루는 건축 형태라고 생각했다. 그것은 한 지역에서 오랫동안 발전시켜 온 전통적인 형태를 반영한 것이다. 그렇지만 단순히 과거를 모방해서는 안 되고, 지금 우리시대의 언어로 그것이 표현되어야 한다고 생각했다. 김석철, 김원, 김영섭 등은 이런 생각을 발전시킨 대표적인 건축가들이다. 이에 비해 프로그램 유형을 강조하는 건축가들은 건축 디자인을 건물의 프로그램에서부터 출발하였다. 그런 다음 각각의 프로그램에 적합한 최적의 시스템을

경영위치, 영동군 보건소

도출하고자 하였다. 이 경우 각각의 건물들은 지역적 현실과는 상관없이 프로그램에 따라 각각 다른 공간과 형태로 도출된다. 우규승, 유걸 등 경영 위치의 건축가들은 명확히 이러한 태도를 취한다고 볼 수 있다. 그들은 건축적 현실이 각각의 프로그램 유형 속에 존재한다고 생각하고, 이를 바탕으로 다양한 공간 개념을 탐구하였다. 마지막으로 구축성을 강조하는 건축가들은 최근의 첨단 구법과 재료를 건축적으로 표현하려 한다. 특히 대형 프로젝트를 다룰 경우 이런 경향이 두드러지게 나타났다.

물론 이러한 분류는 이해를 돕기 위해 임의로 만든 것이다. 그것은 건축적 현실을 나름대로의 아이디어로 발전시키는 과정에서 건축가들이 보여주는 일련의 강조점일 뿐이다. 그리고 경우에 따라서는 한 명의 건축가가 두 가지 이상의 경향에 포함되기도 하고, 하나의 작품이 이들 모두를 포함하기도 한다. 이런 점을 고려하면서 각각의 건축가들이 우리의 현실을 어떻게 이해하였고, 또 그것을 건축적으로 어떻게 발전시켰는지에 대해 좀 더 자세히 살펴보기로 하자.

## 5. 비판적 지역주의

1990년대 한국의 건축가들이 가장 풍성한 성과를 거둔 부분이 바로 비판적 지역주의라고 생각한다. 앞서 논의한 건축가들의 작업도 크게 보자면 비판적 지역주의에 포함될 수 있다. 이 시기의 한국의 많은 건축가들은 한국의 지역적인 특수성을 건축에 반영시키려 하였다. 하지만 그들의 작업은 과거 김중업이나 김수근과는 다소 다르게 이루어졌다. 그것은 지역성을 선험적인 모델로 설정하지 않고, 현실을 바탕으로 발전시켰기 때문이라고 생각한다. 특히 이 시기 건축가들은 대단히 빠르게 이루어지는 기술적 진보를 주목하였고, 그것을 한국의 지역적 특수성과 결합시키고자 하였다. 이러한 작업은 1980년대부터 서구 건축에서 논의되었던 비판적 지역주의(critical regionalism)와 매우 유사한 면모를 가지고 있다고 생각한다. 보통 건축에서의 지역주의는 토착적인 기후나 전통 문화, 신화, 그리고 독특한 수공업을 바탕으로 디자인된 건축물을 의미한다. 이러한 경향이 1980년대 이후 다시 등장하게 된 것은 현대문명이 가지는 보편성에 의해 전통 문화뿐 아니라 인류 삶에 근간을 이루어 왔던 바탕이 파괴되었기 때문이다. 바로 여기서 상당한 어려움이 등장하게 된다. 과연 현대문명이 오랜 기간 동안 인류가 발전시켜 온 소중한 것들을 파괴하는 현실을 그냥 방치할 것인가? 비판적 지역주의는 이같이 모순된 상황을 변증법적으로 통합하기 위해 등장하였다. 그래서 그것은 지역적인 특수성을 파괴하는 무자비한 첨단 기술을 거부한다. 오히려 지역적으로 배양될 수 있는 가치와 이미지를 가지고 현대문명에서 나타나는 보편성을 해체하려고 한다.[12] 그것을 통해 첨단기술을 각각의 특수한 현실에 맞게 순화시킬 수 있다고 보았다. 그렇다고 비판적 지역주의는 토속적이고 감상적인 과거의 형태로 회귀를 시도하지 않는다. 그럴 수도 없을뿐더러 그런 퇴행적인 생각으로는 지금의 현실을 담아낼 수 없기 때문이다. 비판적 지역주의자들은 이 대목을 대단히 경계한

---

12 Kenneth Frampton, Prospects for a Critical Regionalism, in Theorizing a New Agenda for Architecture(ed. by Kate Nesbitt), Princeton Architectural Press, 1996, p.472.

다. 그들은 절충적인 역사주의의 말로는 소비주의로 귀결될 뿐이라는 사실을 잘 알고 있다. 그러한 결말은 1960년대 이루어진 포스트모던 건축에서 명확하게 보아왔다. 그렇다면 어떻게 할 것인가?

1990년대 한국의 건축가들은 보편적인 현대문명과 개별적인 지역성을 통합하는 문제에 골몰하였고, 이에 관련하여 많은 성과를 거둔 것이 사실이다. 그들은 현대의 첨단기술과 한국의 지역적 특수성이 통합될 수 있다고 보았다. 그래서 다양한 방법을 통해 비판적 지역주의를 시도하고 있다. 비판적 지역주의는 그 성격상 두 가지 접근 방법이 가능하다. 하나는 지역주의를 바탕으로 첨단의 기술을 흡수하는 것이다. 마리오 보타로 대변되는 티치노 지방의 건축가들은 대부분 이러한 입장을 취하고 있다. 그리고 또 다른 하나는 기계주의를 바탕으로 건축에 지역적 특수성을 반영하는 것이다. 렌조 피아노의 몇몇 작품은 이러한 생각을 잘 대변한다. 이 두 가지 접근 방향은 모두 하나의 목표점으로 향하고 있지만 건축적으로 다른 것도 사실이다. 한국의 경우 김석철과 김원, 김영섭은 명백히 전자의 입장을 취하고 있고, 황일인은 후자의 입장과 가깝다.

김석철과 김원의 건축은 한국에서 비판적 지역주의가 어떻게 이루어질 수 있는가에 대한 하나의 방법을 제안하고 있다. 두 사람은 지역주의라는 인식을 공유하고 있지만, 그들이 설계한 건물들은 성격이 판이하다. 그것은 지역성을 다르게 정의하기 때문이다. 먼저 김석철의 건축은 주변과 쉽게 동화되지 않는 이질감과 생경함을 가진다. 김석철의 그러한 생경함은 전위적인 실험에서 오는 것이 아니라 원초적이고 투박한 조형을 통해 나온다. 건축가는 명확히 분절된 볼륨들을 비틀거나 부풀리는 방식으로 이질감을 증폭시켰다. 그의 정서는 한국보다는 지중해 지방과 더욱 긴밀하게 연결되어 있는 듯하다. 이에 비해 김원의 건축은 주위와 쉽게 동화되는 친밀함을 가지고 있다. 그것은 그가 주로 사용하는 재료나 건축언어에서 기인한다. 사실 벽돌이 주는 가촉성과 전통건축에서 등장하는 모티브들, 그리고 건물과 대지의 긴밀한 관계는 김원 건축을 특징짓는 요소들이다.

이 두 건축가는 1990년대 이후 각기 다른 방식으로 새로운 기술을 받아들이려 하였다. 그들의 건축은 동일한 현실에서 출발하지만 그것을 풀어내는 방법이 달랐다. 김석철이 설계한 〈명보플라자〉, 〈한샘시화공장〉, 그리고 〈베니스비엔날레 한국관〉은 이 시기에 그의 생각이 어디로 향하고 있는지를 잘 보여준다. 같은 시기 그가 설계한 〈제주영화박물관〉과 이들 건물을 비교해 보면 이 시기 건축가가 추구했던 변화의 방향은 명백해진다. 여기서 과거 그의 건축을 지배했던 이질적인 형태들은 투명한 유리와 노출된 철재 프레임에 의해 보다 명료해지고, 완고한 폐쇄성에서 벗어나 건물 주변으로 좀 더 친절하게 다가가려 한다. 그리고 원초적인 형태들이 가졌던 시각적 무게가 다소 가벼워지는 효과도 얻었다. 그런 점에서 지역성과 현대기술을 결합시키면서 건축가는 긍정적인 성과를 거둬들였다고 생각한다. 김원 역시 1990년대에 새로운 변화를 모색하였다. 그것은 주로 건물 마감을 금속재 패널로서 바꾸고, 또 철골구조를 밖으로 드러내면서 이루어진다. 하지만 문제는 이들에게서 일관된 방향성이 읽혀지지 않는다는 점이다. 〈광주가톨릭대학〉에서 볼 수 있는 것처럼 한편으로는 첨단의 이미지를 주는 성당이 있는 반면, 다른 한편으로는 벽돌과 노출 콘크리트와 같은 전통적인 재료로 된 건물들도 공존해 있다. 이들 사이의 관계가 애매하여 다소 혼란을 불러일으키는 것도 사실이다.

비판적 지역주의의 또 다른 예는 황일인에게서 등장한다. 황일인이 1990년대 설계한 두 개의 건물 즉, 〈성균관대 600주년기념관〉과 〈능인서원 사회복지관〉은 비판적 지역주의의 중요한 예로 거론될만하다. 이 두 건물은 건물의 성격 자체가 지역주의를 요구하고 있었다. 하지만 건축가는 그 방법을 과거와는 다르게 실현하고 있다. 특히 〈성균관대 600주년기념관〉은 인접해 있는 오래된 전통 건물과 어떤 방식으로든 관계를 가져야만 했다. 이에 건축가는 건물의 기능을 크게 두 개로 구분하고 그 중심에 커다란 오픈스페이스를 집어넣었다. 이러한 공간 구성은 그가 〈한국도심공항터미널〉을 설계하면서 이미 탐구한 바 있었다. 이렇게 구분한 다음 한쪽 매스에 건물의 복합적인 기능을 수용하되, 다른 한쪽에서는 전통 건축에서 등장하는 목구조 기둥과 유사한 열주들을 배열하고, 그 위로 곡선의 철골 지붕을 얹혀 놓았다. 여기서 우리는 1990년대 한국의 건축가들이 생각했던 비판적인 지역주의의 중요한 본질을 파악할 수 있다. 건축가는 그것을 위해 결코 과거로 되돌아가지 않았다. 감상적인 향수를 불러일으키는 대신 그것을 우리 시대의 재료와 구법, 그리고 감수성으로 표현하고 있다. 이러한 생각은 〈능인서원 사회복지관〉에서도 유사하게 등장한다. 이 건물은 사찰에서 운영하는 도심 변두리의 사회복지관이다. 여기서도 마찬가지로 건축가는 전통적인 사찰의 모티브들을 그대로 활용하지 않았다. 대신 과거

↖ 김석철, 명보플라자
↗ 김석철, 한샘시화공장
↙ 김석철, 베니스비엔날레 한국관
↘ 김석철, 제주영화박물관

↖ 김원, 광주가톨릭대학
↗ 황일인, 성균관대 600주년기념관
↘ 황일인, 능인서원 사회복지관

사찰이 가졌던 접근로를 건물 중심에 설치하였고, 건물 뒤쪽으로 산으로부터 내려오는 경사를 활용하여 마당을 형성시키고 있다.

이러한 방식 외에도 전통 건축과 현대 건축을 직접 대면시키면서 비판적 지역주의를 실현하는 경우도 있었다. 그러한 경향은 주로 서울의 북촌에서 일어났다. 그곳은 전통 건축이 아직 많이 남아 있기 때문에 지역주의적 성격이 강한 건물들이 들어설 가능성이 많았다. 특히 1990년대 이후 한옥보존지구가 해제되면서 건축가들은 오래된 한옥과 함께 우리시대에 이룩한 건축적 성과들을 함께 집어넣으려 했다. 그러한 시도는 김영섭이 설계한 〈삼청동 주택〉에서 잘 나타난다. 사실 이 주택은 한국에서 비판적 지역주의가 어디까지 갈 수 있느냐를 명확히 보여주고 있다. 삼청동 주택에는 두 가지 종류의 주택이 병치되어 있다. 하나는 익청각으로 불리는 전통 한옥으로, 과거의 모습을 그대로 보존한 건물이다. 여기에다 노출 콘크리트로 된 현대식 주택을 덧붙이게 된다. 건축가는 새로 지은 건물의 높이를 최대한 낮추기 위해 주요 주거 시설을 지하로 집어넣었다. 그리고 내부 채광과 통풍을 위해 천창과 빛우물을 이용하였다. 김영섭은 "한옥에서의 삶이 서로 마주보는 장(場)이라고"[13] 생각하였고, 이런 생각에 따라 이 두 건물들이 서로 지시하면서 현대와 과거를 조응하도록 하였다. 이 주택과 비슷한 시도가 유태용이 설계한 〈서미 갤러리 및 주택〉에서도 등장한다. 여기서도 전통적인 건물과 현대적인 건물이 조화롭게 병치되어 있다. 본래 이곳에는 'ㄷ'자형 한옥이 존재했었다. 건축가는 이들을 철거해서 새롭게 지을 건물의 입구 부분에 복원해 놓았다. 검은 색 벽돌 위에 세워진 이

13 김영섭, 삼청각 주택, 작업 1980-1999년, 나남신서, 1999년.

건물은 입구에 위치하며 이 집을 오가는 사람들에게 건물의 성격을 명확히 설명해 주고 있다. 그리고 그 뒤쪽을 현대식 건물로 지어 1층을 전시실로 활용하고, 2층을 주택으로 사용하고자 하였다. 김석철이 최근에 완공한 〈DBEW디자인센터〉도 동일한 맥락에서 이해될 수 있다. 이 건물은 종로구 와룡동에 위치하여 창덕궁과 담 하나를 사이에 두고 있다. 여기서 건축가는 창덕궁의 담과 동일하게 경사져 올라가는 한옥 건물과 매우 추상적인 유리건물을 대조시키고 있다.

이들과는 유사하지만 조금 다른 맥락에서 지어진 건물이 바로 〈서울

↖ 김영섭, 삼청동 주택
↗ 유태용, 서미 갤러리 및 주택
↙ 김석철, DBEW디자인센터

시립미술관〉이다. 1996년 대법원이 서초동으로 이전함에 따라, 기존 대법원 청사의 외관을 그대로 보존하면서 내부만 개보수하여 미술관으로 사용하려는 계획이 이루어졌다. 하지만 자세한 검사 결과 기존 건물의 유지가 불가능하였고, 건축가들은 건물의 전면을 제외한 나머지 건물을 모두 철거하고 새로 짓기로 결정하였다. 이 과정에서 건축가들은 기존 건축물을 어디까지 보존할 것인가를 두고 많은 고민을 하게 되었다. 당시 건축가들이 중요하게 고려했던 사항들은 바로 건물 자체가 가지는 역사성과 더불어 정동길이라는 도시적 맥락이었다. 정동길은 덕수궁 돌담길에서 시작하여 20세기 초 외국인들이 세운 벽돌조의 공관, 교회, 학교 등이 어우러진 길이다. 기존 대법원 건물은 그 길의 결절점에 위치했다. 이러한 맥락을 고려하여 건축가들은 라운드 아치로 된 중앙부는 보존하고, 그 양쪽 벽체들은 해체한 후 새롭게 복원하는 방향으로 가닥을 잡았다. 그리고 그 뒤쪽은 일정한 매개 영역을 사이에 두고 별개의 전시 공간을 마련하였다. 거기서 건축가들은 우리시대의 첨단 기술을 이용하여 다양한 전시 공간을 선보이고 있다. 이러한 시도 역시 비판적 지역주의의 중요한 측면을 보여 준다고 생각한다. 단지 북촌에 세워진 건물들과의 차이점이라면, 세기 초에 지어진 근대 건축이 이제 보존의 대상이 되었고, 그들 역시 지역성의 일부로서 간주되고 있다는 점이다.

마지막으로 비판적 지역주의와 관련하여 거론해야 할 중요한 사항은 바로 지역성과 기념성의 결합 방식에 관한 것이다. 〈국립극장〉이나 〈세종문화회관〉에서 볼 수 있는 것처럼 예전부터 국가 공공건물의 경우 예외 없이 전통적인 형태를 인용하도록 강요받았다. 건축가들은 조형과 공간을 통해 국가가 가졌던 시대정신을 표현했어야 했다. 1990년대 세워진 국가적인 공공건물로서 손꼽을만한 것이 바로 〈국립중앙박물관〉, 〈전쟁기념관〉, 〈대법원청사〉이다. 이 가운데 〈국립중앙박물관〉은 지역성과 기념성의 결합과 관련하여 매우 중요한 의미를 가진다고 생각한다. 국립중앙박물관 건립은 초기 추진 단계부터 많은 논란의 대상이 되었다. 그 당시까지 국립박물관으로 활용되었던 구 조선총독부건물을 해체해야만 했기 때문이다. 그동안 이 건물만큼 역사의 무게에 짓눌린 건물은 없었다. 일제 36년 동안 식민지배의 상징이었고, 이후 군부 독재기간 동안 권력의 상징이었다. 그렇지만 역사적으로 보존 가치가 높은 건축을 때려 부수는 것에 대한 논란은, 건축 자체를 역사적 상징물로 인식하려는 일반 여론 속에 파묻혀버렸다. 그래서 기존 건물을 헐고 용산의 미군기지에 새로운 건물을 건설하는 방향

↖ 서울시립미술관 전경
↗ 국립중앙박물관
↙ 전쟁기념관

으로 나아가게 되었다. 이러한 논란 덕분에 새로운 건물을 세우는 과정은 많은 이들의 관심의 대상이 되었다. 하지만 국제 현상설계를 통해 당선된 작품은 철저하게 우리 시대의 건축을 이야기하고 있다. 거기서 과거와 같은 어떤 전통적인 모티브도 찾아 볼 수 없었다. 이 점은 당선자와의 인터뷰에서 잘 나타난다. 한국성에 대한 견해를 묻는 질문에 "한국적 정서를 전달하는 매개체로 건축의 양식이나 형태보다는 고건축에서 느끼는 경험을 어떻게 구현하느냐가 가장 중요한 관건이었다. 형태는 모던하다. 그러나 경험, 재료의 사용, 어떻게 만들어지는가에 대한 것은 그 지역의 장인정신이 지배한다."[14] 이러한 생각은 2등 안으로 뽑힌 크리스티앙 드 폴짬팍의 계획안에서도 나타난다. 중정을 포함하는 직사각형의 배치는 기념성과 지역적 전통을 현대적인 방법으로 풀어내려는 시도라고 생각한다. 여기서 우리는 1990년대 한국건축이 철저히 현실에 기초하고 있으며, 그것을 바탕으로 지역성과 기념성을 통합하려 했음을 알 수 있다.

## 6. 건축 프로그램과 공간의 탐구

1990년대 한국의 건축가들은 건축 프로그램을 유형화시켜서 거기서 새로운 공간을 발생시키려 하였다. 이러한 태도는 과거와는 다른 것이었다. 김수근을 제외하고 이전 세대의 건축가들에서 진지한 공간의 탐구는 이루어지지 않았다. 그들에게 주된 주제는 주로 서구의 건축기술을 도입하거

---

14 박길룡, 국제현상설계전망, 플러스, 1995년 12월.

나 전통적인 형태를 현대적 방식으로 표현하는 것이었다. 그래서 이 시기에 지어진 건물들을 방문해 보면, 공간적 느낌이 대단히 빈약함을 알 수 있다. 공간에 대한 본격적인 탐구는 1970년대부터 김수근에 의해 시작되었다. 그는 한국의 전통 건축에 등장하는 공간적 특징에 주목하였고, 그것을 현대 건축에 집어넣으려 하였다. 그리고 이러한 경향은 젊은 건축가들에게 많은 영향을 미쳤다. 하지만 1990년대 들어 공간 개념을 탐구하는 방법이 많이 바뀌었다. 즉, 공간에 대한 탐구가 주로 건물의 프로그램을 유형화하는 과정에서 일어난 것이다. 그것은 이 시기 건축에서의 현실이 왜 중요한가를 보여 준다. 우규승, 장세양, 배병길의 경우 전시 시설을 중심으로 공간 개념을 발전시켰고, 유걸은 교회 건축을 중심으로, 경영위치의 건축가들은 보건소를 중심으로 공간 개념을 발전시켰다. 특히 전시 시설의 경우 공간적으로 의미 있는 건물들이 많이 설계되었는데, 이것은 건물 기능 자체가 많은 사람들의 움직임을 담아내야 했기 때문이다.

우규승이 설계한 〈환기미술관〉은 1990년대 한축 건축계가 배출한 최대의 성과라고 여겨진다. 여기에는 건축가가 오랫동안 탐구해 온 공간 개념이 집약적으로 담겨 있다. 우규승 건축에서 등장하는 공간 개념을 이해하기 위해, 그의 성장 과정을 잠시 검토할 필요가 있다. 그는 대학을 졸업한 후 제일 먼저 단지계획과 도시계획과 관련된 일을 시작하게 되었다. 당시 오스왈드 내글러와 루이 서트는 그를 이끈 건축가들이었다. 1975년 '루즈벨트 아일랜드 주거단지 현상설계'에서 당선되면서 국제 건축계에 등장하게 된다. 비록 이 계획안은 실현되지 않았지만, 앞으로 펼쳐질 그의 건축을 예고하고 있다. 이 프로젝트에서 건축가는 보행자가 다니는 길을 조직하는 데 많은 주안점을 두었다. 길은 램프, 에스컬레이터, 반원형 극장, 그리고 외부계단을 포함하는, 여러 차원에서 서로 개입되는 공간을 가진다. 그래서 그것은 다양한 공간적 체험을 가능하게 하도록 하였다.

우규승은 건물 설계에서 가장 중요한 것이 건물의 언어나 표현이 아니라, 바로 프로그램을 바탕으로 최적의 조직을 구현하는 것이라고 이야기한 바 있다. 그는 단지계획에서 등장하는 동선 체계를 조직하여 건물 속에 집어넣었다. 이를 위해 그는 부분과 전체를 구분하고, 이들을 연결하는 동선 체계를 치밀하게 구성하였다. 그리고 거기서의 경험은 변화, 대비, 반복 등 순서를 갖는 다분히 음악적인 구성이라고 할 수 있다. 이 과정에서 두 가지 개념이 덧붙여진다. 하나는 소우주의 개념이고 다른 하나는 사용자에게 풍부한 경험을 가능케 해 주는 장면 구성이다. 〈환기미술관〉에서 이러한 생각은 명확하게 나타난다. 환기미술관 건물은 크게 현관, 전시홀, 갤러리 세 부분으로 구성된다. 건축가는 이 세 부분에 각기 다른 형태와 공간적 성격을 부여했다. 현관 건물의 경우 접근했을 때 눈으로 지각되는 매스의 조

우규승, 환기미술관 내외부

화가 중시되었고, 전시홀에는 소우주 개념을 집어넣어서 공간적인 중심성을 확보하고자 하였다. 그리고 갤러리에는 배럴 볼트 모양의 지붕을 집어넣고, 측면 고창을 통해 자연광을 최대한 끌어들이려 하였다. 건축가에게 이들은 각기 분절된 전체 속의 부분들이었다. 이어 건축가는 하나의 전체를 만들기 위해 정교한 동선 체계를 집어넣었다. 특히 정사각형의 전시홀을 휘감고 올라가는 계단은 단연 압권이다. 건축가는 이 공간에 우주의 질서를 부여하고자 했고, 이를 둥근 천창을 통해 표현하고자 하였다. 사람들은 그것을 통해 전시작품, 건축 공간, 그리고 주위 자연을 연속적으로 감상할 수 있다. 그것은 마치 음악을 감상하는 것처럼 연속적이고 풍부한 시퀀스를 구성하는 것이었다.

유걸이 건축 공간을 만들어 나가는 방식은 우규승과는 다르다. 그가 건물을 설계하면서 가장 중요시하는 것은 사방에서 충만하게 내려 쬐는 빛이다. 그 빛은 건축적이기 보다는 다분히 종교적인 성격을 지닌다. 그의 건축은 그 빛을 담아내는 일종의 용기이다. 이러한 생각은 그가 설계한 다양한 교회 시설에서 공통적으로 나타난다. 이를 위해 건축가는 효율적인 외피와 시스템의 조합을 구상하게 된다. 여기서 "효율적인 외피는 계속해서 유동적으로 변화해 나가는 내부 공간을 수용하기 위해 새로운 테크놀로지의 이용을 통해 완성된다."[15] 유걸이 계속해서 새로운 테크놀로지에 집착하는 것은 바로 이러한 생각과 밀접하게 연관되어 있다. 또한 그것은 기본 단위 모듈의 조합을 통해 각각의 공간을 효율적으로 구성하게 된다. 이렇게 전체적인 체계가 만들어지면, 건축가는 매우 커다란 오픈스페이스를 설치하

---

**15** 성유미, 유걸의 건축작품에서 나타나는 디자인 전개과정에 관한 연구, 한양대학교 석사논문, 2004년.

고 거기서 다소 불규칙한 형태의 길을 조직하였다. 유걸이 설계한 〈밀알학교〉는 이러한 공간적 성격을 잘 담고 있다. 이 건물은 장애인 학교와 교회를 겸하는 건물이다. 여기서 건축가는 일반 교실과 특수 교실을 구분하고, 그 사이에 커다란 오픈 스페이스를 만들었다. 그리고 천창과 벽을 통해 투명한 빛을 받아들이도록 한 다음 여기에 긴 램프를 설치하였다. 사람들은 이곳을 오르내리며 빛이 환하게 내리쬐는 오픈 스페이스를 감상하게 된다. 이러한 생각은 그가 최근에 설계한 〈밀레니엄커뮤니티센터〉에서 보다 적극적으로 드러난다. 이 건물은 교회와 지역 커뮤니티 시설을 동시에 수용하는 역할을 한다. 건축가는 건물의 최상부에 교회를 매달고서 거기에 빛으로 충만한 공간을 만들었다. 그리고 그 아래 부분에는 커다란 오픈 스페이스로 뚫어 놓고서 다양한 형태로 계획된 접근로를 배치하고 있다. 이를 위해 건축가는 건물 내부에 기둥을 없애는 대신, 장스팬으로 외곽의 기둥들을 묶어서 하나의 트러스를 형성하여 상층부를 지지하는 구조 방법을 사용하였다.

장세양은 박물관 건축을 설계하면서 사람의 움직임을 매우 중시하였다. 그 움직임이 응고되었을 때 그것이 건축의 공간이 되고 통로가 되고 기능이 된다. 이러한 점은 그가 설계한 〈경기도립박물관〉과 〈국립 김해박물관〉에서 잘 나타난다. 이 가운데 〈경기도립박물관〉은 비록 시공상에 결함이 있지만 그럼에도 불구하고, 대담한 평면, 적절한 대지의 이해, 연속적인 공간 구성, 그리고 전통적인 요소의 현대화와 관련하여 매우 독특한 위치를 차지하는 건물이라고 생각한다. 특히 물 흐르듯이 구성되어 있는 관람

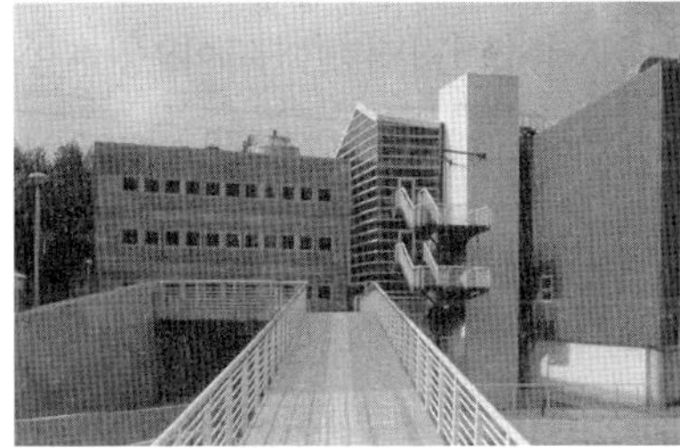

↖ 유걸, 밀알학교 외부
↗ 유걸, 밀레니엄커뮤니티센터
↙ 유걸, 밀알학교 내부

← 장세양, 국립 김해박물관
→ 장세양, 경기도립박물관

동선은 이 건물의 덕목이다. 하지만 이런 연속적인 동선과 관련하여 좀 더 다양한 장면 구성이 결여되어 있는 점이 아쉬운 대목이다. 장세양은 이런 점을 인식하고 〈국립 김해박물관〉을 설계하면서 매우 독특한 장면을 집어넣는다. 이 건물은 둥근 원형의 가벽과, 그 안에 들어 있는 정사각형의 전시동 건물, 그리고 이 둘 사이에 적절히 채워져 있는 사무실 건물로 구분된다. 건물 입구에 들어서면 가야시대 유물들을 전시한 전시실들이 나오고, 그 전시실을 돌다보면 아래층 전시실로 내려가는 통로를 발견하게 된다. 그 통로에 들어서는 순간 상당한 당혹감을 느끼게 되는데, 짙은 철판으로 마감된 거대한 공간이 갑자기 눈앞에 등장하기 때문이다. 건물 중심에 커다란 공간을 집어넣은 것은 이미 〈진주박물관〉에서도 사용했지만, 거기서는 공간이 사방으로 흩어지는 형식이었다. 반면 여기서는 사방이 막혀 있어서 공간의 밀도가 훨씬 높다. 천창을 통해 빛이 내부로 들어오고, 그 빛은 공간의 내밀함을 가시화시킨다. 짙은 밤색의 표면은 별세계에 온 것 같은 매우 생경한 느낌을 준다. 이 공간을 빠져나가면 아래층 전시공간이 나타나고, 건축가가 만들어 놓은 시나리오를 다 훑어보게 된다.

이 외에도 건축적 프로그램을 이질적이고 파편적인 공간으로 실험하는 건축가들도 있었다. 배병길은 그 대표적인 건축가이다. 배병길이 이러한 경향에 기울게 된 것은 LA로 유학가면서 였다. 그리고 거기에 머물면서 프랭크 게리를 중심으로 전개된 LA 지역 특유의 건축 경향에 많은 영향을 받았다. 그는 1989년 미국에 머물면서 일본 〈요코하마 빌딩〉 설계에 참여하게 되는데, 이것은 그가 앞으로 한국에서 펼치게 될 다양한 작업들을 예고하고 있다. 거기서 건축가는 이질적인 파편들을 건물에 덧붙이거나 일부 매스를 깎아내는 방식으로 매우 복잡한 조형을 만들어내고 있다. 이어 설계된 〈국제화랑〉에서도 이러한 경향은 계속되고 있다. 이것은 기존의 건물 두 개를 기둥과 슬래브만 남기고 전부 해체한 후 재구성한 것이다. 이 과정에서 건축가가 가장 고민했던 부분은 바로 직각으로 마주 서 있는 두 건물을 결합시키는 방법이었다. 여기서 건축가는 기울어진 마름모 모양의 유리 박스를 집어넣어 전체적으로 대단히 복잡하지만 시각적으로 풍부한 조형을 만들어내고 있다. 이 건물에 이어 설계한 〈현대갤러리〉 역시 기존의 건물을 개조한 것이다. 이 건물에서 건축가는 형태 구성보다는 내부 공간의 흐름에 더 큰 관심을 가졌다. 건축가는 기존 건물 사이로 비틀린 각도의 건물을 하나 삽입하여, 다양한 공간이 펼쳐지도록 하였다. 이것과 기존의 건물들이 결합되면서 전시 공간들이 막히고 트이는 연속적인 흐름을 만들어내고 있다. 동일한 공간을 반복하기보다는 계속해서 차이를 생성시켜 내부를 돌아다니는 사람들에게 예상치 못한 놀라움을 준다.

← 배병길, 국제화랑

→ 배병길, 현대갤러리 내부

# 7. 기술의 미학적 표현

프로그램과 함께 건축 기술은 건축적 현실을 지탱하는 중요한 요소이다. 1990년대 한국건축에서 기술적 진보는 계속해서 이루어졌고, 건축가들은 그것을 어떤 방식으로든 표현하고자 했다. 이와 관련하여 중요하게 고려되어야 할 몇 가지 사항을 간추려 보면 다음과 같다. 먼저 새로운 구조 시스템이 도입되면서 이에 대한 건축적 탐구가 이루어졌다. 이전까지 한국 고층건물의 구조 시스템은 주로 코어 부분에 전단벽을 설치하여 횡력에 저항하는 것이 일반적이었다. 하지만 1980년대부터 튜브 구조가 사용되기 시작했고, 1990년대 들어와서 SK사옥, 아셈 타워 등에서 튜브 구조가 본격화되었다. 이 구조 방식은 파즐러 칸(Fazlur Khan)에 의해 제안된 것으로, 그 기본 개념은 건물의 외부 벽체에 최소한의 개구부를 둠으로써 건물의 외벽이 횡 하중에 대해 튜브와 같은 거동을 하도록 하는 것이다. "이것은 휨 강성을 최대한으로 하여 건물의 높이를 최대한으로 할 수 있는 방식이다. 그리고 이것은 경제성과 효율성뿐만 아니라 구조적으로도 많은 장점을 가진다."[16] 물론 이 방식에도 단점은 존재한다. 외관에 구조체가 너무 강하게 드러나므로 건물 형태가 매우 딱딱해 보이고, 또 촘촘한 기둥들이 지상까지 내려오면서 지상층의 계획을 어렵게 만든다는 것이다.

김종성은 〈SK사옥〉을 설계하면서 튜브 구조가 가지는 구조적 측면을 미적으로 승화시키고 있다. 그는 튜브 구조가 가지는 장점을 받아들이되, 그것이 가지는 문제점들을 나름대로 방식으로 해결하려 하였다. 즉, 건물

16 대한건축학회, 구조계획, 기문당, 210-211쪽.

의 튜브를 구성하는 촘촘한 외부 기둥들이 1층까지 내려오지 않게 하고, 대신 2층에 두꺼운 보들을 설치하여 튜브를 타고 내려오는 하중들을 지상의 기둥들로 전달하도록 하였다. 그런 점에서 〈SK 사옥〉은 완전한 튜브 구조라고 볼 수 없다. 경제성과 함께 시각적인 아름다움과 도시적 맥락을 동시에 고려되었기 때문에 구조 시스템은 변형되었고, 그것이 건축가가 생각한 최선의 해결안이었다. 건축가는 튜브 구조로 효율적인 구조 시스템을 구축하면서, 동시에 그것의 모티브를 활용하여 경쾌하고도 안정감 있는 외관을 만들어냈다. 외부에 쓰인 알루미늄은 회색빛 도는 사출 알루미늄이었다. 건축가는 이것을 가지고 매우 정교한 기하학적 패턴을 만들어서 구조체를 마감하였다. 이로 인해 이 건물은 절제되어 있지만 활기 있는 분위기를 연

← 김종성, SK 사옥
→ 라파엘 비뇰리, 종로타워

출하였다.

김종성이 설계한 〈SK 사옥〉 건너편에 완전히 다른 유형의 고층건물이 들어서서 대조를 이루고 있다. 그것은 라파엘 비놀리가 설계한 〈종로타워〉이다. 이 건물의 경우 도시 속에서 너무나 영웅적으로 스스로를 드러내 보이고 있다. 이 건물은 주변의 비소한 건물들을 압도하며 도시의 새로운 질서를 생성시키고 있다. 삼각형 평면의 건물 각 모서리에는 둥근 코어가 올라가고, 주요 사무실 공간은 그 곳 사이로 삽입되어 있다. 이들은 보는 시점마다 그 형태가 다르게 보일 정도로 복잡하게 구성되어 있다. 이 건물에서 압권인 것은 건물이 23층에서 끝나고, 그 위로 커다란 공백이 생기다가 다시 33층에 이르러 거대한 구조물이 세 개의 둥근 코어에 지지되어 마치 구름처럼 매달려 있는 것이다. 이것은 멀리서 보더라도 강력한 힘을 내뿜고 있어서 중요한 랜드마크로서의 기능을 담당하게 된다. 최대한의 경제성과 효율성을 갖추려는 근대 건축의 정신을 여기서는 찾아 볼 수 없다. 대신 도심 속에서 독특한 형태를 표현하려는 건축가의 의지를 반영하기 위해 건물의 매스, 부재들 그리고 재료들을 고의로 왜곡시키거나 부각시켰다. 여기서 우리는 1990년대 이르러 건축기술을 표현하는 방식이 완전히 바뀌고 있음을 알 수 있다.

또한 이 시기의 기술적 표현에 있어서 중요하게 언급할 사항은, 바로 넓은 유리벽을 지지물 없이 매달아 건물의 투명성을 높이는 외벽 마감 방식이다. 1990년대 한국의 건축가들은 고층건물의 외벽을 마감하며 이런 방법을 유행처럼 사용하였다. 이 기술은 1970년대 이후 많은 창의적인 건축가와 엔지니어들에 의해 발전되어 온 것이다. 그들이 의도했던 것은 가급적 넓은 유리면을 투명하게 만들려는 것이었다. 물론 거기에는 많은 기술적 어려움이 뒤따랐다. 반사율이 낮은 투명한 유리면을 만드는 것부터, 무거운 유리면을 효과적으로 지지하는 경량의 구조물을 개발하고, 거기에 유리를 접합시키는 기술적 과제들이 모두 해결되어야만 했다. 1984년에 선보인 루브르의 유리 피라미드에서는 유리를 지지하는 10~15mm 지름의 고장력선(tension rod)을 사용하여 구조적인 문제를 해결하고 있다. 이어 파리의 라 빌레트 공원에 위치한 과학기술관에서 피터 라이스는 유리의 네 모서리를 뚫어서 유리와 구조체를 결합시키는 방식을 선보이고 있다. 유리면에 가해지는 응력을 분산시키고, 풍압력과 열팽창을 흡수 저항할 수 있는 핀을 만드는 것이 여기서의 핵심적인 기술이었다. 그리고 간사이 공항에서 렌조 피아노는 높이 12m의 유리벽을 강재 기둥과 프레임 구조를 이용하여 만들고 있다.[17] 이런 기술적 발전을 통해 점차적으로 스트럭처 글라스 월 시스템(structural glass wall system)이 생겨나게 되었다. 이것은 풍 하중에 의한 수평력이 리브 글라스(rib glass)나 혹은 다양한 케이블 트러스에 의해 지지되도록 하여 커튼월의 구조적인 문제를 해결하는 것과 동시에 시각적으로 투명성을 최대한 확보하도록 하였다. 1990년대 한국에 이 기술이 도입되면서 고층건물의 외관을 바꾸는데 획기적인 역할을 담당하였다.

1990년대 이런 기술을 가장 잘 활용한 건물이 바로 간삼건축에서 설계한 〈포스코센터〉이다. 건축가는 20층과 30층으로 된 두 개의 고층건물을 설계하면서 "건물이 주변 환경과 시민들에 대해 좀 더 개방적이고, 또 도시

---

17 권태웅, 기능성 유리 커튼월, 건축과 환경, 2001년 6월.

공간 구조와 연속되도록 하겠다"[18]고 하였다. 그리고 이러한 생각은 두 개의 고층 오피스 사이에서 위치하며 대지의 전후면을 관통하는 아트리움을 설계하는 방향으로 나아가게 된다. 건축가는 사람들이 이곳을 보다 자유롭게 드나들 수 있도록 투명하게 설계하고자 하였다. 그래서 건물 전면을 유리로 처리하게 되었고, 그 과정에서 앞서 언급한 새로운 유리 커튼월 기술이 대거 도입되었다. 1990년대 한국의 건축가들에게 투명성은 중요한 미학적 과제로 등장하였고, 〈포스코센터〉는 이것을 기술적으로 해결하고 있다. 이러한 생각은 이 건물 이후에 설계한 〈코오롱 사옥〉에서도 그대로 이어진다. 거기서 특징적으로 등장하는 것은 커튼월에서 돌출한 철제 루버이다. 투명하고 매끈한 건물의 표면에 철제 루버를 부착함으로써 조형적으로 훨씬 강렬한 인상을 남길 수 있었다.

1990년대에 설계된 대형 건축물들도 마찬가지로 투명성의 문제를 주요 주제로 설정하였다. 그러한 사실은 이 시기에 지어진 〈인천국제공항〉, 〈서울역사〉, 그리고 〈COEX〉 등에서 잘 나타난다. 거기에서 건축가들은 가능한 유리면을 많이 넣어서 최대한의 투명성을 확보하려 하였다. 이와 함께 대공간 구조물을 형성시키는 철제 프레임을 그대로 노출시켜서 구조적인 측면과 미적인 측면을 동시에 해결하려 하였다. 특히 〈인천국제공항〉은 이러한 경향을 잘 보여 주고 있다. 여기서 건물 내부는 기둥이 없는 장스팬의 구조물로 되어 있고, 또한 벽체들은 거대한 유리벽과 천창으로 구성되어 매우 세련되면서도 쾌적한 실내 공간을 만들어내고 있다.

그리고 곡선으로 이루어진 지붕의 형태는 노출된 구조 부재들에도 불

---

**18** 원정수, 포스코센터, PA 세계건축가 원정수, 지순, 건축세계사, 224쪽.

↖ 포스코센터
↗ 코오롱 사옥
← 인천국제공항
→ COEX
↙ 서울역사
↘ 최관영, 정동명, 엑스포 국제관

구하고 대단히 동양적인 곡선을 만들어내고 있다. 이 건물을 통해 한국의 건축가들은 첨단의 기술을 조형적, 기능적으로 활용하고 적절한 배치를 통해 대단히 우수한 건축물을 만들어냈음을 알 수 있다.

건축기술의 표현은 막구조의 도입을 통해서도 이루어졌다. 서울 올림픽을 계기로 한국에 처음 도입된 막구조 기술은 1992년 대전엑스포를 계기로 다양한 형태로 사용되기 시작하였다. 이 때 세워진 건물들 가운데 가장 주목할 만한 작품은 최관영과 정동명이 설계한 〈엑스포 국제관〉이었다. 이 건물은 박람회에 참여한 각 나라들이 한국정부로부터 임대받아 박람회 기간 동안 사용 후 철거하는 임시관이었다. 그러나 설계 당시 참가국들의 점유 규모를 전혀 알 수 없었기 때문에, 국제관은 전시관으로서 기본 시설을 갖추고 나머지는 임의로 조절 가능한 모듈관으로 지어지게 되었다.[19] 그래서 18×18m 크기의 모듈관이 내부 기능에 따라 다양한 방식으로 구성된 것이다. 모듈관은 스페이스 프레임으로 된 구조체 위에 막구조가 현수식으로 매달리는 것으로 되어 있다. 이것은 스팬의 길이는 크지 않지만, 복잡한 기능을 가지는 평면에 막구조가 도입되어 조형적으로도 다양한 효과를 줄 수 있다는 가능성을 열어놓았다.

2002년 월드컵은 이런 막구조의 가능성을 가장 잘 보여 주고 있다. 전국 10개 도시에 건설된 경기장들은 대전경기장을 제외한 대부분의 경기장 지붕이 막으로 뒤덮여 있다. 반면 막구조를 지지하는 구조 방식은 다양한 사용 방식을 선보이고 있다.[20] 그것을 몇 가지로 분류해 보면 다음과 같다. 먼저 서울, 전주, 제주경기장처럼 철골 트러스를 짠 다음 그것을 몇 개

---

**19** 최관영, 정동명, 국제관 A 구역, 건축과 환경, 1993년.

**20** 한국건축구조기술사회, 2002년 FIFA 월드컵 한국 스타디움 구조설계자료집, 1999년 .

의 마스트가 현수식으로 지지하고, 그 위에 막구조를 얹는 경우이다. 두 번째로 수원과 울산경기장에서 나타나는 방식으로 철골을 캔틸레버로 설치하고 그 위에 막구조를 얹는 방식이다. 세 번째는 커다란 아치 트러스를 지붕 가장자리로 보내고, 그 사이에 철골 트러스나 입체 트러스를 채운 다음 그 위에 막을 얹는 경우이다. 그리고 마지막으로 부산경기장과 인천경기장과 같이 인장력을 갖도록 케이블 트러스를 짜서 이것을 가장자리에서 잡아당긴 다음 여기에 막을 얹는 경우이다. 이 네 가지 방식 가운데 구조적으로 가장 흥미로운 것은 네 번째 방식이다. 특히 〈부산 월드컵경기장〉은 처음에는 데이비드 가이거가 제안한 개폐 가능한 텐서그러티 돔(retractable triangulated tensigrity dome)으로 설계되어 세계 최초로 이 방식을 실현시킬 수 있었다. 하지만 원래 이 경기장이 부산 아시안게임 주경기장으로 계획되었다가 나중에 월드컵경기장으로 동시에 사용되면서 초기의 계획은 많이 바뀌게 되었다. 그것이 FIFA 규정에 맞지 않았기 때문이다. 대신 현재는 180×152m의 타원형 개구부를 가지는 케이블 트러스 막구조(cable truss structure with membrane)로 설계되었다. 조형적인 관점에서 볼 때 10개의 월드컵 경기장 가운데 류춘수가 설계한 〈서울 월드컵경기장〉과 황일인이

← 부산 월드컵경기장
→ 류춘수, 서울 월드컵경기장

설계한 〈제주 월드컵경기장〉이 가장 주목할 만하다. 전자는 막구조를 이용하여 전통적인 지붕이 가지는 곡선미를 구현하고 있으며, 후자는 제주도의 바다 풍광과 매우 조화로운 형태로 설계되었다.

## 8. 새로운 과제와 전망

1990년대 한국의 건축은 그 양과 질에 있어서 괄목할만한 성과를 거두었다고 생각한다. 그리고 이 시기는 1920년대 이후 서구로부터 유입된 건축 기술과 구축 방식, 그리고 표현 방식을 한국의 현실 속에 완전히 정착시킨 시기로 평가된다. 이 시기 한국의 건축가들은 그들이 발 딛고 있는 현실에 주목하고 거기서 다양한 건축적 아이디어들을 끄집어내게 된다. 그들은 건축을 통해서 현실을 조직했고, 이를 통해 기능적이고 효율적인 대규모 건축물들을 만들어냈다. 그리고 다른 한편으로 건축을 현실을 변모시키는 아이디어 보고, 그것을 통해 현실적 문제점들을 해결하고자 하였다. 이로 인해 이 시기의 한국건축은 여러 가지 각도에서 정의될 수 있지만, 무엇보다 그 중심에는 리얼리티, 즉 현실이 자리 잡고 있다고 생각한다. 그래서 이 시기 건축은 현실을 조직하는 수단이자 현실을 변모시키는 아이디어로 정의될 수 있다고 생각한다.

새로운 밀레니엄이 시작되면서 한국 건축계의 전반적인 지형도는 다시 바뀌고 있다. 주된 논쟁점 역시 리얼리티에서 다른 방향으로 이동하면서, 이 과정에서 건축가들이 해결해야 할 어려운 과제들이 많이 등장하고 있다. 그 가운데 주요 사항으로 거론될만한 것이 바로 한국 건축가들의 국제화이다. 2004년에 이루어진 몇몇 국내 주요 현상설계에서 국내 건축가들이 배제되는 사태가 발생하였다. 〈이화여대 캠퍼스 계획〉과 〈청계천 세운상가 재개발〉이 대표적인 예이다. 예전부터 한국의 대형 설계사무소들이 외국 건축가들의 실무 건축가로 전락해 버리는 경향은 계속 있어 왔지만 그 해는 문제가 더욱 심각해졌다. 이제 한국의 건축시장은 외국 건축가들에게 완전히 개방되었고, 한국의 건축가들은 국내시장에서 더 이상 배타적인 지위를 유지할 수 없게 되었다. 이 문제를 해결하기 위해서는 한국의 건축가들도 외국시장으로 진출해야 하는데 아직 몇몇 건축가들을 제외하고는 가시적인 성과를 거두지 못하였다. 그 주된 이유는 한국 건축가들의 국제적인 지명도가 그다지 높지 않고, 또한 우리 스스로 많은 사람들이 공감할만한 새로운 담론을 생산해내지 못했기 때문이라고 생각한다. 이렇게 본다면 1990년대 현실로부터 도출한 건축적 성과들을 바탕으로 새로운 방향을 모색할 필요가 있다고 생각한다. 이것은 젊은 건축가들에게 새로운 도전을 제안하고 있다.

# II

# 주거 및 도시 환경

1990~1999년

# |1장| 도시 주택의 변천: 새로운 변화 모색

**임창복** | 성균관대학교, 건축조경토목공학부 교수

## 1. 시대적 개요

지난 1990년대 초는 우리에게 커다란 변화의 시대였다고 해도 과언이 아니다. 국내 상황을 본다면 6공의 군사정부가 막을 내리고 문민정부가 들어선 게 무엇보다도 커다란 변화였다. 지금은 그 동안의 굵직굵직한 사건에 휩싸여 먼 일로 잊혀져 가는 느낌이 없지 않지만 그래도 초기에는 변화와 개혁의 칼을 높이 들고 사회 곳곳에 메스를 가했던 것이 사실이다. 따라서 지난 1990년대 초의 3년간은 그 동안 우리 사회에 쌓여 있던 먼지를 털어내고 타성의 물꼬를 새롭게 터 보려는 개혁의 시대였다고 할 수 있다.

그런가 하면 대외적으로도 냉전의 시대가 가고 UR로 대변되는 국제간의 신무역 질서가 타결되는 등의 상황 변화가 있었다. 이 변혁기에 나타난

정향은 정치적으로는 민주화를, 경제적으로는 자율화를 지향하며 점차 개방화, 국제화를 표방하게 되었다. 따라서 사회의 모든 분야에서 총체적인 전환기적 사고가 요구되는 시점이었다.

1990년대 초 외부의 이러한 상황 변화에 걸맞게 건축계에서도 자생적으로 많은 변신의 노력을 기울였던 것 같다. 아마도 그 중에서 가장 많이 노력을 기울인 단체는 '건미준(건축의 미래를 준비하는 모임)'이었다고 생각된다.

1993년 6월 '93 건축가 선언'을 발표한 후, 이들은 7월 6일에 프레스센터에서 '새건축운동 추진대회'를 가졌다. 그 후 이 단체에서는 건축계의 각종 부조리를 개선하기 위해 'a 마크 시행 결의'를 하기도 하였고, 건축사 시험제도 등의 개선을 위해 행정개혁 심의위원회의 국민 제안을 제출하기도 하였다.

그 결과로 건축사 시험제도가 내용면에서 크게 바뀌게 되었고, 각종 제도의 개선을 위해 최근에는 공동주택 백서를 작성하여 공동 주거 환경의 개선이 필요함을 사회에 알리고 있다.

그 동안 우리 건축계에서 소수의 인원이 단편적으로 기존 제도에 대해 불만을 제기해 본 적은 있지만 건미준의 활동처럼 건축계의 엘리트 그룹이 보다 조직적으로 사회의 부조리를 고발하고 건축의 위상 찾기에 노력한 경우는 흔하지 않았다. 이제 이들의 관심은 건축 교육에까지 미쳐 국립건축대학의 설립을 제안하는가 하면 그것이 여의치 않을 때 서울건축학교의 설립 추진에서 보는 바와 같이 다른 형식의 대안을 계획하는 등 건축계 개혁에 대한 노력은 지속될 것으로 전망된다.

## 2. 본격적인 주택전시회 개최

건미준의 사회운동 외에도 1990년대 초에는 본격적인 주택전시회가 개최되어 눈길을 끌었다.

1993년 3월 20일 예술의 전당 미술관에서는 국내의 유명 건축가들이 대거 참석한 주택전시회가 있었다. 이름하여 '분당주택전람회'였는데, 이들 작품은 내용 측면에서나 사회적 측면에서 효과가 매우 컸던 전시회라 생각된다.

잘 알려져 있듯이 분당 신도시의 개발 사업은 정부의 「주택 200만 호 공급 정책」의 일환으로 시작된 사업이었다. 특히 40만 도시로 계획된 분당 신도시에서 소위 고급 건축가들의 참여는 미미한 수준이었다. 따라서 이번 우리나라에서도 선진국에서처럼 개발의 기념성을 살리고 미래 지향적 주거 문화 창출을 시도하기 위해 전시회가 기획되었다는 자체가 여러모로 의미 있는 작업이 아닐 수 없다.

국토개발원과 토지개발공사가 기획·주관한 이 행사에서 총 20필지의 단독 주택과 공동 주택이 각각 제안되었다. 작품의 내용에서 몇몇 작품을 제외하면 마당과 길을 살린 집합주택을 시도하고 있다는 점, 그리고 반복성(repeatability)을 중요시한 도시 주택의 모형을 실험하고 있다는 점 등이 좋아 보였다.

또한 이 전시회는 대규모 전시였기 때문에 우리 사회에 던져준 의의도 꽤 컸다고 생각한다. 전시회가 열린 예술의 전당에 개발업자나 주부들이 모이고 이들이 자연스럽게 자신들의 관심을 토로하는 것을 보면 이 전시회가 사회 일반인들에게 건축가의 존재 가치를 일깨워 주는 하나의 좋은 행사였다고 생각한다. 그러나 내용적 특면에서 볼 때 건축가들의 노력에도 불구하고 전체적으로 무엇을 추구하려 했는지가 불투명한 면도 없지 않았다.

1927년 바이젠호프 전시회는 미스가 중심이 되어 전위 예술가들이 당시의 새로운 모더니즘의 패러다임을 실험한 것이었고, 1987년 베를린에서 진행된 IBA는 건축과 도시의 포스트모더니즘을 실험적으로 보여주기 위해 기획된 것임을 우리는 알고 있다. 그들의 전시회에서는 바로 언급한 바와 같은 숨의 의도가 있었기에 아직까지도 건축계의 문화적 유산이 되고 있다.

이러한 차원에서 볼 때 분당주택전람회는 건축계의 발전을 위해 값진 기회였다고 생각되나, 또 한편으로는 약간의 아쉬움도 남는 행사였다.

## 3. 주거 형식의 다양화 현상

최근 우리나라의 주택은 대부분 아파트 형식으로 공급되는 것이 일반화되는 추세이다. 특히 근간에는 재개발, 재건축에 힘입어 아파트의 위세가 도시나 농촌을 가리지 않고 독버섯처럼 번져가는 것이 현실이다. 이러한 고층 위주의 아파트 개발은 일반 주거지에도 영향을 주기 마련이어서 일반 주거지역의 단독 필지에서는 다세대나 다가구주택과 같은 고밀 주거 형식이 점차 보편화되고 있다. 따라서 기성 주거지는 점차 다세대, 다가구주택지화되는 것이 작금의 주거지 변화 모습이다. 그 결과 작가들의 주택 작품도 이러한 개발에 영향을 받아 기성 시가지 내에서는 다가구주택이 소개되고 있고, 신도시에서는 고밀도의 주거 환경에 대한 반작용으로 새로운 단독주택이 선호되고 있으며, 교외에서는 전원주택이 선호되는 것이 최근 주거건축의 동향이다.

주택이라고 하면 그 동안 가장 먼저 떠올리는 형식은 단독주택이다. 수량면에서는 점차 감소 추세에 있지만, 개인 생활의 개성을 가장 잘 수용할 수 있다는 장점 때문에 단독주택은 아직도 가장 선호되는 유형이다.

이제 단독주택은 기성도시뿐 아니라 신도시 주거지역에서도 널리 활용되고, 최근에는 준농림지역에서 급속히 확산되고 있다. 단독주택이 관심의 대상으로 오르게 된 것은 아무래도 신도시와 준농림지를 중심으로 대지 구입이 용이해졌고, 통나무주택이나 목조주택, 철골주택 등 새로운 주택이 선을 보이면서 일반인들의 관심을 끌고 있기 때문이다.

최근 건축 저널에 발표된 작품 중 중요한 것을 열거해 보면 준농림지역에 시도된 전원주택으로 주대관, 김광현의 〈사미헌〉, 황호중의 〈전씨 주택〉 등이 있고, 신도시에 완공된 단독주택인 윤승중의 〈분당 시범주택〉, 권문성의 〈일산 22393〉, 김효만의 〈학익재〉, 그리고 조병수의 〈일산 ㄱ자 집〉 등이 있다. 한편 기성 도시에서도 김준성의 〈역삼동 주택〉, 조문송의 〈오치 24.25〉, 서혜림의 〈K씨 주택〉, 김영섭의 〈삼청동 주택〉, 그리고 임채진의 〈역삼동 ㄱ씨 주택〉 등과 같은 단독주택이 발표되었다. 이러한 단독주택 외에도 여러 가지 주거 형식이 시도되었는데, 그중에서도 우리에게 점차 친숙하게 된 유형은 다세대, 다가구주택이다. 1980년대 초반 법제화되면서 지나치게 과밀화를 조장한다는 측면에서 주거환경 악화의 주범으로까지 지탄을 받기도 했지만, 이제는 점차 도시 내에서 필요한 주거 형식으로 인식되고 있다. 최근 발표된 작품으로는 송광섭의 〈상도 299〉, 우시용의 〈원서동 주택〉, 이일훈의 〈등촌불이〉 등이 있다.

그러나 요즘에는 도시 내 토지가의 상승으로 각종 근린 생활 시설과 복합 용도로 계획되는 사례도 점차 보편화되고 있다. 일반 주거지의 밀도가 400%까지 올라갔으니, 당연히 개발의 규모를 키우려는 업자들이 있기 때문이다. 건물이 밀도가 높고 복합적임에도 불구하고 건축가에게 건축을 의뢰하는 이유는 부동산시장에서도 개성 있는 건물을 요구하는 경향이 점증하기 때문이다. 최근 시도된 복합 용도의 주거 건축으로는 방철린의 〈STEP〉, 조성룡의 〈종로5가 프로젝트〉, 정기용의 〈소규모 도시 복합체〉, 그리고 권문성의 〈점포 주택〉 등이 있다. 이러한 여러 가지 주택 유형을 살펴볼 때 이제 우리 삶의 수용 방식도 점차 개성화, 다양화되는 추세에 있음을 알 수 있다.

↖ 황호중, 전씨 주택
↙ 김광현, 주대관, 사미헌
→ 권문성, 일산 22393

↖ 김영섭, 삼청동주택
↗ 조문송, 오치 24 · 25
↙ 김준성, 역삼동 주택
↘ 임채진, 역삼동 ㄱ씨 주택

## 4. 도시 주거 측면에서 본 작품 주택

이상에 언급했던 주택의 형태를 개별적인 작품의 성과로 판단하는 것은 어려운 일이다. 왜냐하면 주택이란 어디까지나 건축주와의 관계 속에 이루어지는 건축주 개인의 취향과 기호가 앞서는 건물이기 때문이다. 따라서 여기서는 그와 같은 건축가들의 작품도 도시 속에 존재해야 하는 것이기 때문에 도시적 측면에서의 건축적 의미에 대해 다루어 보고자 한다. 도시주택이 되려면 우선 집이 가로와 어떻게 만나는가를 살펴볼 필요가 있다. 즉 담과 대문, 그리고 주차장들이 어떤 관계 속에서 새롭게 시도되고 있는가를 분석해 볼 필요가 있는 것이다. 지난 몇 년간 크게 바뀐 주택 요소 중의 하나는 아무래도 담이 없는 주택의 출현으로 꼽을 수 있다. 한국의 주거 문화에서 담이란 전통주택과 마을의 구성에서도 볼 수 있듯이, 빠질 수 없는 주거의 구성 요소였고, 그 동안의 급격한 도시화 과정 속에서도 우리만의 독특한 주거 문화로 남아 있었던 요소이다. 예를 들면 1960년대나 1970년대는 물론 1980년대의 주택에서도 개별 필지에서 이루어지는 단위주택의 경우, 담의 존재는 당연시 되는 것이었다. 그러던 것이 1980년대 중반 이후 다세대주택이 보편화되고 층수도 3층 이상의 건물 건축이 가능해짐에 따라 주차장 문제와 맞물리며 담이 없는 주택들이 들어서기 시작했다. 즉 최근의 주택 작품에서 볼 때 복합 용도 건물은 저층부에 근린생활시설 등이 함께 있어야 하므로 자연히 담이 없는 건물로 계획될 수밖에 없다. 특히 다가구주택에서는 세대수와 규모에 따라 다르겠으나 점차 담장의 의미가 퇴화되거나 없어지는 추세이다. 정기용의 〈소규모 도시복합체〉에서는 다가구주택이지만 상징적 담장이 남아있는 형태이고, 송광섭의 〈상도 299〉에서는 그렇지 않은 것을 보면 경우에 따라 종속 변수로 사용되는 경향이 있음을 알 수 있다.

하지만 단독주택이라도 신도시를 중심으로 제안된 작품에서는 도시설계 조항에서의 권고도 있고, 불투명한 담장을 하는 것이 금지되어 있어 새로운 형식의 경계 처리가 시도되고 있는 점이 무척 흥미롭다. 신도시에서 제안된 작품 중에서 윤승중의 〈분당 시범주택〉, 그리고 일산 신도시에서 제안된 권문성, 김효만, 조병수의 작품에서도 담장이 없어진 경향을 볼 수 있다. 이때 경계를 새롭게 시도한 작품이 김효만의 〈학익재〉와 조병수의 〈일산 ㄱ자집〉이다. 〈학익재〉는 마치 누마루를 통과하듯이 2층 가로면에는 아이들 방을 두고 1층은 개방한 형식이며, 조병수의 〈일산 ㄱ자집〉에서도 'ㅁ'자형으로 주택의 경계를 만들고 입구 부분은 필로티화해서 가로와 연계시켜 주었다. 두 작품 모두 중앙에 마당을 두고 있다는 형태적 특징이 있기도 하지만 도시와의 만남 방식을 새롭게 시도하고 있다는 점에서 흥미로운 제안이라고 생각된다. 왜냐하면 담이 없는 형식이라 하더라도 윤승중의 〈분당 시범주택〉과 권문성의 〈일산 22393〉은 주택이 가로에 면해 '외향성'을 강조하고 있는 반면 앞서 언급한 두 작품은 '내향적'인 면이 강조되었다는 점에서 차이가 있다.

우리의 도시주택에 2층 시대가 도래하면서 가로와의 만남의 방식 중 하나는 서구식 주택에서 흔히 보듯이 가로를 향해 '정면(facade)'이 강조된 것이고, 다른 하나는 우리 과거 주택과 주거지에서 보듯이 가로쪽을 정면으로 보고 있지 않는 것으로 무척 대비적이라 할 수 있다. 아마도 이 두 가지 관점에 우리의 도시주택을 가꾸어 가는 매우 중요한 단서가 있을 것이다.

1960년대와 1970년대 중반 소개되었던 일반 주택 개발 방식의 변화를 보면 주택에서 '정면'이 어떻게 변모되었나를 알 수 있다. 원래 우리의 전통주택에서는 표현 대상으로서의 '정면'에 대한 의식은 약했다고 할 수 있다. 그러나 1970년대 '블란서 집'이 등장하면서 그 관계가 크게 변모하기 시작했다. 블란서 집은 서구적이지만 주택에서 '정면'을 표현하려고 한 경향이 시도된 최초의 주택이다. 이때 대부분 남향을 향해서 정면이 있게 하고 동향 또는 서향에 현관을 두는 방식이 보편적이었다. 이 현상은 우리 주택의 경우 정면과 같은 개성의 표현은 좋지만 그래도 가로쪽을 향해서 집안을 들어내 놓는 방식은 가급적 받아들이지 않았다는 것을 의미한다. 이제 우리의 의식 구조와 삶의 방식이 완전히 서구화되어서 가로를 향해 정면을 들어내 놓는 게 어색하지 않은 것인지, 아니면 전통적으로 우리에게 있어왔던 주거 문화적 전통을 아직도 소중한 가치가 있는 것으로 간주해 새로운 2층 시대의 문법으로 삼아야 할지는 좀 더 지켜볼 부분이다.

← 김효만, 학익재
→ 윤승중, 분당 시범주택

### • 과장된 유리면의 사용과 '내정'

최근 소개된 주택 작품의 경향에서 두드러지는 것은 과도한 유리면의 사용이다. 이러한 경향은 아무래도 에너지 사용 비용이 별로 변수가 될 수 없다는 이유가 있기도 하겠지만 두터운 벽을 없앰으로써 보다 경쾌한 이미지를 표현할 수 있기에 필요한 테크닉으로 사용되는 듯하다. 그러나 그 투명한 개방의 방향이 그리 바람직스럽지 못한 경우도 있었고, 지나쳐서 오히려 공간의 내부가 산만한 작품도 많았다.

그리고 '내정'의 사용도 눈여겨보게 되는 새로운 주거 공간 요소이다. 권문성의〈일산 22393〉주택은 가로면의 수목이 일본식 주택 '도코노마' 속의 분재를 상기시키듯 계획되어 있고 내부에도 '안뜰'이라고 명명되어 있기는 하지만, 마찌야에서 보는 일본식 도시주택의 '내정'을 상기시키는 '내부 정원'이 마련되어 있다. 안뜰이라고는 하지만 사용하는 정원이 되기보다는 바라보는 공간으로 처리되어 있는 듯하다. 이런 공간 요소는 김효만의 〈학익재〉에서 '중정'이라 명명되어 사용된 바, 그 크기가 약 3×3m 정도여서 사용하는 외부 정원으로 보기에는 어려울 듯 하고 바라보는 형식으로 마련되어 있다. 그리고 꼭 같지는 않지만 이런 '내정' 개념은 승효상의 주택에서도 찾아볼 수 있는 주거 공간 요소이다.

앞으로 이러한 요소의 사용은 비록 그것이 외래의 것이더라도 어느 정도 시도될 개연성이 충분히 있는 것 같다. 왜냐하면 우리의 마당도 1970년도 후반 2층 주택화가 되면서 내부 공간과 마당과의 관계가 점차 퇴화하고 있는 추세이기 때문이다. 복잡한 도시환경을 생각할 때, 사용하는 외부 공간으로서의 마당은 점차 약화되겠지만 바라보는 대상으로서의 외부 공간은 오히려 그 효용성이 있을 것 같기 때문이다.

몇몇 건축가들이 이러한 주거 공간을 시도하고 있다는 데 우선은 놀랍기도 하지만 새로운 시도이기 때문에 지속적으로 관심을 가지고 주시할 가치가 있다고 본다. 다만 그 공간을 보다 '한국화'하려는 노력이 필요하지는 않을까 생각해 본다. 즉 그곳을 '내부화' 할 것인지 '외부화' 할 것인지, 아니면 우리의 전래 마루 공간처럼 '중성적' 또는 '양성적' 공간으로 할 것인지, 그 성격의 설정이 요구되는 부분이다.

## 5. 재료와 공법의 각축

지난 몇 년간 우리는 어떻게 집을 짓는 것이 값싼 방법인지 결말을 내지는 못한 느낌이 든다. 그만큼 우리네 주택 건설 재료와 그 구법에서는 치열한 공방전이 한창이다. 물론 그 이면에는 다양한 욕구와 재료의 선택이 가능하기 때문일 것이다. 그리고 신도시주택과 함께 주말주택이 보편화되면서 다양화가 보다 촉진된 측면도 있는 듯하다. 양수리를 따라 드라이브를 하다 보면 전통적인 벽돌조나 블록조 외에도 통나무집, 목조주택, 너와집 등의 목재 계통이 있는가 하면 진흙집이 있고, 소위 외벽 단열시스템 마감 방식이 성행하는가 하면 최근 몇 년 전부터는 샌드위치 패널을 사용하는 스틸하우스도 꽤나 널리 시도되는 형식이 되고 있다. 이렇게 다양한 재료, 다양한 방식이 한 곳에 함께 소개된다는 것은 취향 때문에 그렇기도 하겠지만 그만큼 어느 한 방식이 집 짓는 주된 방식으로 장착되어 있지 못하다는 측면도 함께 보여주는 것이다.

미국이나 캐나다의 경우 개인주택은 목조가 대부분이다. 소위 브릭베니어(brick veneer)는 외부는 치장용 벽돌을 쌓고 내부는 2×4 목구조로 막는 형식이다. 이것은 미국이나 캐나다에서는 목구조만큼 경제적인 구법이 아직 개발되어 있지 않다는 뜻도 된다. 우리도 하루 빨리 집 짓는 현대적 구법 개발이 시급한 상황이다. 특히 숙련공의 감소와 인건비 등을 감안할 때 뜻 있는 우수한 건축가들의 실험적 노력이 더 없이 요구된다. 다행히 1992년부터 우리에게도 스틸하우스가 본격적으로 도입되었다. 특히 1996년부터는 현대건설, 포스코개발이 시장에 뛰어 들면서 콘크리트나 벽돌 사용 이외의 대체 구법을 선보이고 있다. 그러나 철골조 주택을 설계한다면서 돌구조에서 유래한 아치를 만들어 장식화 한다든지, 목구조에서 유래한 디테일을 흉내 내는 일은 주거 구법 발전에 별로 도움이 되지 않는다. 1950년대 미스나 마르셀 부로이어 또는 존슨 등이 제기한 철골조 주택 건물들이 지금도 우리에게 커다란 교훈을 주고 있는 것은 재료와 그 구법의 합리적 일체화 때문이다.

## 6. 결론

최근에 발표된 여러 주택 작품을 분석적으로 살펴보면서 다음과 같은 의미 있는 시도들이 이루어지고 있음을 이해할 수 있었다. 다분히 주관적이기는 하지만 필자는 동양과 서양의 공존을 대비적으로 병치시켜 효과를 거두고 있는 김영섭의 〈삼청동 주택〉, 하늘로 오르는 계단을 상징화하며 과정적 공간을 극대화시킨 방철린의 〈STEP〉, 도시주택의 새로운 유형의 가능성을 시도한 김효만의 〈학익재〉, 거친 재료를 사용하여 자연 속에 새로운 질서 부여를 추구한 주대관, 김광현의 〈사미헌〉, 도시 단독주택의 새로운 구성을 시도한 임채진의 〈역삼동 ㄱ씨 주택〉과 조병수의 〈일산 ㄱ자집〉 등에서 많은 부분을 공감하였다. 이들의 성과는 비록 시도된 주제가 다르기는 하지만 그 내용의 깊이는 모두 한국 현대건축의 발전을 위한 의미 있는 시도들이었다고 생각한다.

요즘 우리 사회에는 커다란 변화의 물결이 다가오는 듯하다. IMF나 WTO 등의 단어로 대변되는 이 변화의 물결은 우리의 삶의 방식과 주거 문화에까지도 커다란 영향을 미칠 것이다. 지난 겨울 캐나다에 들렀더니 필자와 함께 30년 전 함께 일하던 그곳 건축가가 "양평에 가 보니 한국 사람들은 아직도 값싸게 좋은 집 짓는 법을 모르는 것 같다"라고 한 지적이 왠지 꺼림칙하다. 지난 1990년대 엘리트 건축가들이 시도한 다양한 구법의 실험은 우리의 풍토에 맞고 경제적이며 정서적으로 거부감이 없는 보편적인 주거 건축 모색을 위한 진통기라고 할 수 있을 것이다.

# |2장| 국토 및 도시계획

**김기호** | 서울시립대학교, 도시공학과 교수

## 1. 1990년대의 사회 변화와 도시계획 과제

1990년대 우리사회는 세기말이라는 조금은 비관적인 시대 기운에도 불구하고 새로운 세기를 준비하기 위한 여러 가지 노력들을 기울여 왔다.

1991년 10월 독일의 통일은 우리의 한없는 부러움을 사면서 우리도 언젠가는 통일을 이룰 수 있다는 희망의 불을 지피는 기폭제가 되기도 하였다. 이후 우리사회에서는 진일보한 통일 논의가 구체적으로 진행되었다. 그리고 2000년 6월 평양에서 남북정상회담이 성사되었다. 이에 따라 국토계획에서도 통일 후의 국토상은 중요한 자리를 차지하게 된다. 1990년 지방자치제의 재도입은 지방의 일을 지방이 결정할 수 있는 토대를 마련하였지만, 한편으로는 지방 행정이 민원에 밀려 환경을 훼손시키는 등의 부작용을 낳기도 하였다. 국내 상황이 이렇게 변화하고 있을 때, 1992년 브라질 리우의 UN 환경개발회의는 지속가능한 개발을 지구적인 주요 과제로 설정하였다. 이러한 국내외적 환경 변화는 결국 국토계획이나 도시계획에서 환경친화적인 측면을 주요 주제로 등장시키기에 이르며 관련 법제나 기구의 강화가 뒤따르게 된다. 1997년 말의 IMF 사태로 인한 국내 경제의 악화는 분양가 자율화 등 경기 활성화를 위한 다양한 대책을 강구하도록 하였다. 이에 따른 주택시장의 규제 완화나 철폐는 경기 활성화 기여에 대한 물음과 별도로 주택 가격의 앙등을 가져와 서민들의 내집 마련을 더욱 어렵게 하였다. 이를 해결하기 위해서 국가 차원에서 이루어지는 적극적인 임대주택(국민임대주택 등) 정책의 도입이 요구되었다. 이러한 대내외적 어려움에도 우리나라는 21세기를 위한 인프라 구축을 꾸준히 추진하여 왔으며, 대표적인 것이 인천국제공항과 고속철도의 건설이라고 할 수 있다.

## 2. 1990년대 도시 관련 정책의 개관

### 2.1 제3차 국토종합개발계획(1992~1999)

1990년대에 들어서면서 세계화와 지방화의 추세에 부응하고, 21세기를 대비한 새로운 국토 관리의 필요성에 부합하기 위하여 「3차 국토계획」이 발표되었다. 「3차 국토계획」은 국토의 균형 발전이라는 명제 아래 수도권과 대도시 집중을 지방으로 분산시키고, 통일에 대비한 교통 시설과 남북

교류 지역 개발 및 다가올 서해안 시대를 대비하여 황해안이 새로운 산업지대가 되도록 집중 개발을 계획하고 있다. 이에 지방 분산형 국토 골격의 형성과 생산적, 자원 절약적 국토 이용 체계의 구축, 국민 복지 향상 및 환경 보전의 강화, 남북통일에 대비한 국토 기반의 조성을 1990년대 국토개발의 4대 목표로 선정하고 있다. 이의 실현을 위해 첫째, 지방의 육성과 수도권의 집중 억제, 둘째, 신산업지대의 조성과 산업의 고도화 촉진, 셋째, 통합적 교통망의 구축, 넷째, 국민 생활환경 부문의 투자 확대 및 제도 확립, 다섯째, 국토계획의 집행력 강화, 여섯째, 남북교류지역의 개발과 관리 등을 전략으로 하고 있다. 또한 지방 도시의 육성과 수도권 인구 집중을 억제하기 위해서 황해안 개발, 특징적인 도시 가꾸기, 살기 좋은 환경 만들기에 중점을 두고 있으며, 국제공항, 고속철도, 첨단산업도시 등 21세기에 대비하기 위한 기반을 조정하도록 하고 있다.

특히 「3차 국토계획」에서는 환경부문이 크게 강조되어 있다. 이제까지의 「제1차, 2차 국토종합개발계획」은 환경보전보다는 경제 성장과 지

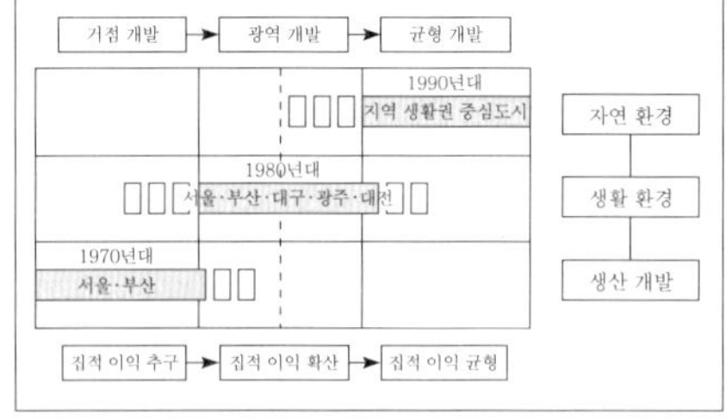


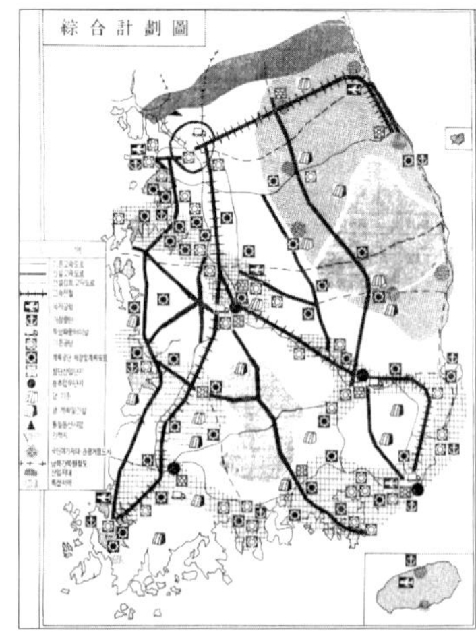


← 국토개발의 단계적 변화
→ 제3차 국토종합개발계획

역 균형 발전에 중점을 두고 수립, 추진되어 왔다. 그 결과 국토 개발의 기반은 크게 확충되었지만 환경오염의 심화는 개발 과정에서 파생된 중요한 문제점 중의 하나로 지적되고 있다. 제3차 계획에서는 환경보전을 국토개발계획의 기본 목표 중의 하나로 설정하여 부문별 계획 수립 단계부터 환경보전대책을 강구함으로써 개발과 보전이 조화를 이루어 나가도록 하고 있다. 환경보전대책의 주요 내용을 보면 입지 선정 시 환경보전 우선 고려와 선정 후 대책 마련, 환경 기반 시설의 대폭적인 확충, 그리고 이러한 사전, 과정, 사후 대책의 효율적 추진을 위한 환경영향평가제의 강화, 관리기준 강화 및 감시체제 확충, 환경적립금제도 설치, 오염허용권 매매제도 도입 등의 제도적 개선 사항을 포함하고 있다.

## 2.2 수도권정비계획

우리나라의 수도권 정비시책은 1960년대 초부터 수도권의 인구 과밀과 집중 문제를 인식하고 1964년 「대도시 인구집중방지책」을 시작으로 1982년에 기존의 각종 시책을 포괄한 「수도권정비계획법」을 제정하였으며, 1984

수도권 권역구분도

년에 「제1차 수도권정비기본계획(1982~1996)」을 수립하여 본격적으로 수도권정비시책을 추진하였다. 「제1차 수도권정비계획」은 수도권을 5개 권역으로 구분, 권역별로 행위 제한을 차등 관리하고, 공장 등 인구집중 유발 시설 입지 규제, 공공기관의 분산, 지방세의 중과 및 국세의 차등 감면 등 다양한 시책을 도입하였다. 이후 「제2차 수도권정비계획」은 21세기 무한 경쟁 시대에서 수도권의 확대된 역할과 기능, 통일 관련 기능의 확대와 자연환경의 중요성이 부각되며, 기술 혁신과 정보화의 급속한 발전과 함께 생활 공간의 광역화에 대응하고자 1994년에 「수도권정비계획」 법령을 전면 개정하여 수도권정비시책을 현실 여건에 적합하도록 개선하였다. 수도권의 질서 있는 정비와 자족적인 지역 생활권 육성, 세계화에 대비한 수도권 기능 제고와 통일에 대비한 국토 기반 구축, 쾌적한 생활환경 확보와 자연환경 보전을 기본 목표로 종전의 수도권 5개 권역을 과밀억제권역, 성장관리권역, 자연보전권역, 3개 권역으로 조정하였다. 각 권역별 특성을 살려 과밀화 규제 및 도시문제 해소, 이전 기능 수용 및 자족 기반 확충, 한강수계 보전 및 주민생활 불편해소를 추진 전략으로 개별적이고 물리적인 직접 규제 방식에서 경제적 규제 방식(대형 건축물에 과밀 부담금 부과)과 총량 규제 방식(공장, 대학)으로 전환한 것이 특징이라 할 수 있다.

## 2.3 도시계획

지방자치제 실시로 인한 지방화, 도농복합형태의 통합시 출현, 생활권 확대에 따른 도시의 광역화, WTO 체제에 따른 세계화와 도시개발에서 민간

부분의 역할 신장 등과 같은 계획 여건의 변화에 대응하기 위하여 1962년 이후 도시계획법은 1971년과 1981년 전면 개정 이래 세 번째 대폭적인 개정을 하게 된다. 1990년대의 개정은 부분적 개정으로 인한 법체계의 불합리를 일소하기 위한 개편으로 볼 수 있다. 복잡하고 왜곡된 법 규정 및 계획체계의 일관성을 보완하고자 관련법 간의 중복, 마찰과 계획체계상의 혼란과 기능 중복, 도시계획과 건축법으로 이원화된 행위제한 규정체계 등의 문제를 해소하기 위하여 법 규정과 계획체계를 단순명료하게 하는 것이다. 개정된 법률안의 주요 골격은 첫째, 도시계획체계의 재정립으로 도시계획의 명칭을 도시관리계획으로 변경하고, 상세 계획을 종합적인 도시계획의 하나로 규정하여 도시계획체계에 포함시킴으로써 도시계획체계를 도시기본계획, 도시관리계획, 상세계획으로 재정립하였다. 둘째, 토지 이용에 대한 행위 제한 방식의 단순화를 위하여 도시 내 토지용도 분류체계를 구역 · 지역 · 지구의 순서로 체계화하고, 활용도가 낮거나 유사한 성격의 구역 · 지역 · 지구를 통폐합함으로써 도시환경의 변화에 효과적으로 대응할 수 있도록 하였으며 지역지구의 지정과 행위 제한에 관한 규정을 도시계획법으로 일원화하였다. 셋째, 민간의 활력을 적극적으로 활용하고 도시의 무질서한 개발을 방지하기 위하여 도시계획사업의 시행자가 도시기반시설에 관하여 시장 · 군수 등과 합의하는 경우 그 합의 사항의 이행을 조건으로 인가 또는 허가할 수 있는 「당사자간 협의제도」를 도입하였다. 넷째, 도로 공원 등 상기 미집행 도시계획시설의 해소를 위한 재원을 마련할 수 있도록 지방자치단체가 필요한 경우 토지상환채권을 발행할 수 있도록 하였다. 특히 도시계획 결정 권한을 지방자치단체의 권한으로 이양하여 지방자치단체의 권한과 책임으로 지역 특성에 맞는 도시계획이 수립되도록 하였으며, 광역 도시기반시설의 설치에 대한 지역 이기주의를 극복하고 도차원의 계획 실현 등에 적정하게 대응할 수 있도록 시장 · 군수에게 한정되어 있었던 도시계획입안권을 도지사에게도 부여하였다. 또한 도시계획구역을 원칙적으로 생활권 단위에서 행정구역 단위로 설정하도록 하고 이를 위해 도시기본계획구역은 행정구역과 일치시키고, 도시관리계획구역은 기존 도시계획구역과 행정구역내 비도시지역으로서 도시적 관리가 필요한 곳에 설정할 수 있도록 하여 계획구역과 행정구역간의 관계를 정립하였다.

## 3. 1990년대의 도시계획 및 정책의 성과

### 3.1 도시계획법의 개정

1990년대 도시계획법의 개정 사항을 구체적으로 살펴보면 1991년「도시계획법 및 동법 시행령」의 개정과 1992년「도시계획법 시행령」의 개정이다. 1991년의 법 개정은 광역 시설의 효율적 설치 및 관리를 위한 광역계획제도의 도입과 도시 미관의 증진 및 토지 이용의 합리화를 위한 상세계획제도의 도입, 도시계획사업에 시가지조정사업 추가 및 시행 절차를 실시계획인가절차로 일원화하였으며, 도시계획권한을 지방자치단체로 위임 확대하였다. 또한 시행령의 개정을 살펴보면 권한 위임에 관한 사항과 용도지역 · 지구 및 도시계획시설에 관한 사항으로 1991년 개정에서는 기존 용도지구 중 교육 및 연구 · 업무 · 임항 · 공지지구 및 특정가구정비지구의 5개 지구를 폐지하고 시설보호지구와 도시설계지구를 추가하였으며, 구역에서는 광역계획구역과 상세계획구역을 포함시켰다. 또한 1992년 개정에서는 상업지역에 유통상업지역을 추가하고 위락지구, 자연취락지구를 신설하였으며, 시설보호지구를 학교시설 · 공용시설 · 항만시설로 세분하였다. 특히 인구 50만 이상의 도시 내 일반주거지역의 종세분화가 가능하도록 개정하였다. 또한 1999년에는 종전의 도시계획법의 도시계획사업에 관한 부분과 토지구획정리사업을 통합 보완하여 도시개발법을 제정하고 도시계획의 모체가 되었던 토지구획정리사업법은 폐지되었다.

### 3.2 환경관련정책 및 계획의 강화

지난 30여 년에 걸친 우리나라의 환경정책은 1963년 「공해방지법」을 근거로 한 보건사회부 산하의 위생에 관한 업무로 시작되어, 1970년대와 1980년대의 경제 성장과 공업화 정책의 부산물로 심각한 환경오염 문제를 발생시키면서 점차 공해 방지에서 본격적인 환경정책으로 변화되었다. 1990년대 환경처는 출범과 동시에 1990년을 "환경보전의 원년"으로 선포하고, 종전의 법체계를 정비한 「환경 6법」과 「환경정책기본법」을 제정함으로써 향후 환경문제는 국토 및 도시개발정책에 있어 중요한 역할을 담당하게 되었다. 1982년부터 집행되어 온 「환경영향평가제」도 또한 이 시기에 「환경영향평가법」으로 제정되었다. 이로부터 환경문제는 국토 및 도시

개발에 있어 환경친화적 계획의 패러다임을 몰고 오게 되었다. 이러한 흐름 속에서도 1990년대의 도시개발은 난개발이라는 새로운 용어를 탄생시켰다. 그 대표적인 경우가 준농림지역내 공동주택의 건설이다. 1990년대 초 "규제 완화"라는 정치적 흐름에 따라 국토이용관리법, 농지이용 및 보전에 관한 법률 등의 개정을 통하여 1994년 '보전을 위주로 하되 개발이 허용되는 곳'으로 애매하게 규정된 준농림지가 생기면서 6년간(1994~1999) 30여만 호의 주택 공급 및 100km² 이상의 공장부지 공급 등, 전체를 합하여 약 400km²의 토지를 공급하여 토지의 수요는 충족하였으나, 무계획적인 개발로 인한 기반시설의 부족과 이에 따른 공공서비스 비용 부담의 증가, 우량 농지의 잠식, 환경오염 및 자연경관의 훼손 등 많은 사회적 비용의 가중을 초래하였다.

**〈표 1〉 환경 관련 법률과 행정조직 변천 과정**

| 시기 | 내용 | 행정조직 |
|---|---|---|
| 1960년대 | 1963 공해방지법 | 보건사회부「위생정책」 |
| 1970년대 | 1977 환경보전법<br>1977 해양오염방지법 | 보건사회부「반공해정책」 |
| 1980년대 | 헌법상 "환경권" 규정<br>1983 배출부과금제도 | 1980 환경청 설립「환경정책」 |
| 1990년대 | 1990 환경 6법 제정<br>1990 환경정책기본법<br>1991 자연환경보전법<br>1991 환경개선비용부담법<br>1993 환경영향평가법 | 1990 환경처로 승격 |
| | 1995 토양환경보전법<br>1995 먹는물 관리법<br>1996 실내공기질관리법<br>1996 물관리기본법<br>1999 수질환경보전법 | 1995 환경부로 승격 |

### 3.3 주택의 공급과 분양가의 자율화

1977년부터 규모와 관계없이 모든 신축 주택을 대상으로 동일한 상한가를 적용한 「포괄적 상한가격제」를, 1989년 택지비와 적정 이윤이 포함된 건설원가를 반영한 「원가연동제」와 「채권입찰가 상한제」를 도입·시행하였다. 그러나 1990년 「경제활성화대책(4.4)」과 1995년 「주택시장 안정대책(11.7)」 등을 발표하면서 오랫동안 시행해 온 주택가격 규제정책을 「분양가 자율화정책」으로 전환하게 되었다. 이를 시기별로 본다면, 1995년 분양가 원가연동제 개정(8월), 1996년 단독, 연립 등 분양가 규제 폐지(6월), 수도권 및 대도시 지역을 제외한 분양가 자율화(12월), 1999년 분양가 전면 자율화(1월)가 시행되게 되었다. 또한 1997년 IMF 이후 주택 정책은 각종 규제완화대책(1998.5.8)과 주택경기활성화대책(1998.5.22), 분양가 자율화, 전매제한제도 폐지, 재당첨 금지기간 폐지, 소형주택의무비율 폐지 등 많은 규제를 짧은 기간 동안 대폭 완화시켰다. 결국 이는 IMF가 어느 정도 극복된 2002년 이후 주택 가격이 매우 빠르게 폭등하는 원인 중 하나로 작동하게 된다.

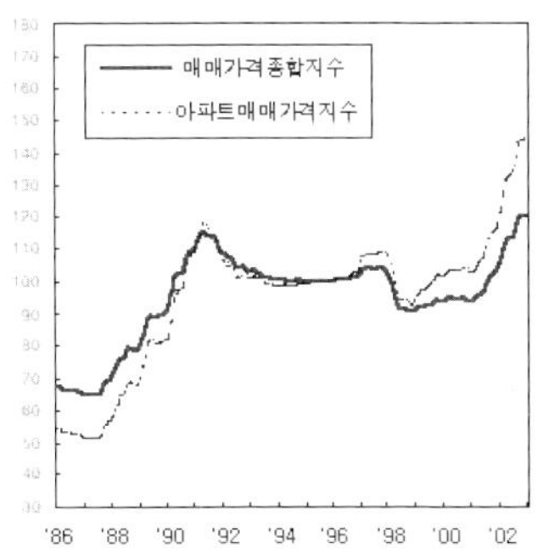


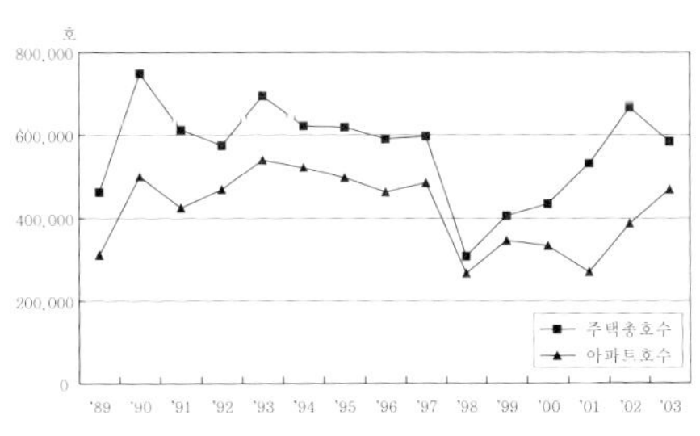


← 연도별 주택 매매 가격지수 추이
→ 주택 유형별 건설 실적
자료: 국민은행 주택관련통계자료(2005.1)

## 3.4 개발제한구역의 관리

개발제한구역은 도시의 무질서한 확산을 방지하고 도시 주변의 자연환경 보전을 목적으로 하며, 특히 우리나라는 국가보안의 목적으로 1971년 서울 외곽에 473.8km$^2$, 1998년 현재 전국 14개 도시권에 걸쳐 5,231km$^2$가 지정되어 있다. 이 가운데 광역시급 이상 6개 대도시의 개발제한구역 면적은 전국 개발제한구역 면적의 74.1%를 차지하고 있다. 특히 수도권 안에 지정된 개발제한구역의 면적은 전국 개발제한구역 면적의 27.7%인 1,449km$^2$이다. 개발제한구역은 대도시의 확산 방지와 자연환경보전에 기여하였으나, 미시적으로는 구역 경계, 지정 후 관리 및 이용의 문제, 거시적으로는 도시 관리적 측면, 토지 경제적 측면, 재산권 제한의 측면에서 제도

〈표 2〉 개발제한구역제도의 변천

| 시기 | 내용 |
|---|---|
| 1971.07 | 「도시계획법」 개정, 「개발제한구역제도」 도입, 수도권·부산권 지정 |
| 1972~73 | 대구, 광주 제주권 지정 |
| 1973.06 | 대전, 춘천, 청주, 전주, 마산, 울산, 진주, 통영, 여수권 지정 |
| 1983.01 | 공용의 청사, 학교, 공장 등 기존 시설 부지 안의 정구장, 배구장, 축구장 등 체육시설 설치 허용 |
| 1988.08 | 주택의 부속 건축물로 지하층 설치 면적을 33㎡에서 100㎡로 확대 |
| 1990.10 | 구역 지정 이전 거주자의 주택 증축 규모를 100㎡에서 117㎡로 확대 허용 |
| 1997 | 김대중 대통령 후보, 그린벨트 전면 재조정 공약 발표 |
| 1998.04 | '개발제한구역제도 개선협의회'를 구성, 그린벨트 개선안 검토 |
| 1998.10 | 국토연구원 그린벨트 환경평가 개시 |
| 1998.11 | 개발제한구역제도 개선 시안 발표 및 전국 순회 공청회 |
| 1998.12 | 영국 도시농촌계획학회(TCPA) 그린벨트 제도 개선 연구용역<br>헌법재판소의 개발제한구역에 대한 헌법불합치 결정 |
| 1999.07 | 정부 그린벨트 최종 개선안 확정 |
| 2000.01 | 「개발제한구역의 지정 및 관리에 관한 특별조치법」 제정 |
| 2001.09 | 「개발제한구역의 지정 및 관리에 관한 특별조치법」 개정 |

개선의 필요성이 끊임없이 제기되어 규제가 완화되어 왔다. 이에 근본적인 제도 개선의 필요성으로 "98년 신정부 100대 과제"로 선정되어 본격적으로 거론되기 시작하였다. 1999년 6월 「도시계획법 시행령」이 개정되었고, 1999년 7월 도시 확산의 압력이 낮은 7개 중소도시권은 구역 해제하고, 대도시권은 구역을 존치하되 광역도시계획에 근거하여 일부 해제하며, 존치구역은 엄격히 관리하되 도시민의 휴식 공간으로 활용한다는 제도 개선 방안을 확정하였다. 이 중 대규모 취락지역 등 이미 시가화된 지역은 우선 해제하기로 하였다. 또한 2000년 1월 「개발제한구역의 지정 및 관리에 관한 특별조치법」은 구역지정기준 · 절차, 관리계획, 구역 내 행위제한, 취락지구 지정, 토지매수청구권, 구역훼손부담금, 주민지원 등에 관한 것을 골자로 하고 있다.

### 3.5 도시 재개발의 변화

1971년 「도시계획법」은 급격한 도시의 팽창에 따른 도시 내부의 재개발 및 신개발 예정지의 계획적 건설을 위한 제도 보완을 목적으로 「도시계획사업의 시행 조항」에 「재개발사업 시행 조항」을 개정(제31-53조)하여 재개발의 근거를 마련한 후, 1973년 소공, 장교, 무교 등 12개 구역을 최초로 재개발 구역으로 지정하였다. 1976년 주택개량 재개발과 도심지 재개발을 구분하여 도시계획법을 개정, 도시재개발법을 제정하고 1978년 최초로 서울시가 「도시재개발 기본 계획」을 결정하게 되었다. 이어서 1990년대에 들어서 서울시는 1992년에 「도심재개발 기본계획」 마련을 위한 시민 공청회를 열고, 1993년 최초의 「도심재개발 기본계획」을 승인받게 되었다. 아울러 1995년에는 「도시재개발법」의 개정(12.29)을 통해 재개발 기본계획의 수립을 의무화하고 순환 재개발방식을 도입, 국공유지의 매각 절차를 간소화하기에 이른다.

### 3.6 신도시의 건설 및 준공

우리나라의 신도시는 1962년 울산 산업기지 배후 도시를 시작으로 지금까지 약 20여 개의 신도시가 건설되었거나 계획 중에 있다. 이 가운데 부천 중동, 고양 일산, 안양 평촌, 군포 산본 및 성남 분당의 수도권 5개 신도시는 1980년대 말 심각한 주택 부족과 주택 가격의 앙등으로 발생하는 사회문제를 해결하고자 정부가 1988년 주택 200만 호 건설계획을 발표한 후 1995년 중동, 산본 신도시, 일산, 평촌 신도시를 준공하였고, 1996년 성남 분당 신도시 준공을 끝으로 마무리되었다(표 3).

수도권 5개 신도시는 주택 수급 안정과 주택의 공급 및 수도권 도시 공간 구조의 재편 등 나름대로의 기여가 있음에도 불구하고 오늘날 여러 가지 부정적인 이미지로 남아있기도 하다. 이는 자족성이 약한 주택 가격 안정 및 주택 공급을 목적으로 한 주택 도시 성격이라는 점이다. 관 주도의 정책적 주택 도시는 단순한 계획 기준에 의한 획일적 도시환경을 양산하게 되었고 건설 과정에서 양질의 도시환경을 만들기 위한 충분한 계획 기간을 갖지 못하고 주택의 양적 공급에 급급해 건설 자재의 일시적 품귀 현상으로 인한 자재파동과 이로 인한 부실공사의 우려, 주택의 구조적 결함에 대한 우려가 사회적 문제로 대두되기도 했다. 또한 완공 후 지자체의 도시 관리에서도 많은 문제점이 드러났다. 이는 기반시설의 확보와 주민생활 편의시설과 같은 공공시설 확보 및 관리에 관한 문제뿐만 아니라 쾌적한 주거환경을 저해하는 상업시설의 난립으로 주거지역 및 학교와 상업시설지역의 유흥시설과의 분리 문제 등이 심각한 사회문제로 대두되기도 했다. 이는 향후 신도시의 개발 및 관리에 있어 타산지석이 되어야 할 것이다. 5개 신도시 건설 이후 최근 10여 년간 수도권 주변과 준농림지는 무계획적인, 신도시가 아닌 신주택지로 난개발되었다. 한편 수도권 광역 전철사업 구간이 1998

**〈표 3〉 수도권 5개 신도시의 규모와 기능**

| 구분 | 면적(ha) | 계획인구 (천 인) | 주택호수 (천 호) | 도시성격 및 기능 |
|---|---|---|---|---|
| 분당 | 1,894 | 390 | 97.5 | 미래지향적 정보산업기능 및 생활시설 첨단화 |
| 일산 | 1,573 | 276 | 69 | 평화와 통일을 상징하는 평화시, 배후도시로 개발<br>평화통일, 국제업무, 문화·예술기능 |
| 평촌 | 495 | 198 | 42 | 대단위 택지 조성으로 수도권의 주택난 해소 |
| 산본 | 419 | 169 | 42 | 쾌적하고 계획적인 신시가지 조성 |
| 중동 | 544 | 170 | 42.5 | 기존 시가와 균형 있는 도시 공간 구조의 개편(부천시) |

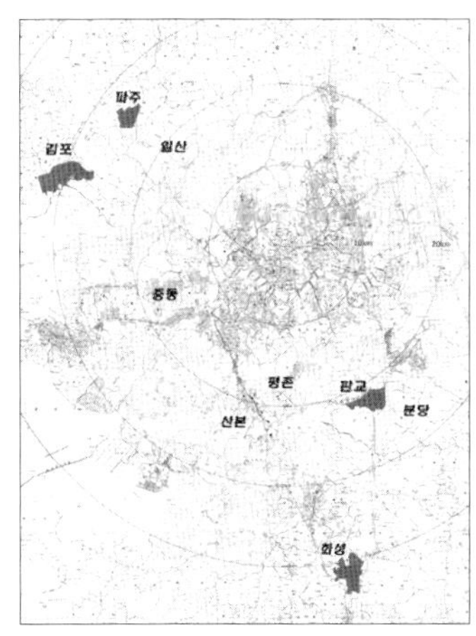


수도권 신도시

년 고시되어 서울에서 북으로 의정부-동두천, 남으로 분당-수원, 동으로 망우리-덕소, 서북으로 일산-문산까지, 그리고 남부에 수원-안산-인천을 잇는 광역적 수도권 전철망이 구성되었다. 이는 수도권의 광역화 및 네트워크화를 의미하고, 따라서 5개 신도시 외에도 향후 크고 작은 신도시의 개발이 촉진된 것임을 의미한다. 또한 2000년 이후 점차 신도시 개발의 필요성이 대두되어 정부는 수도권에 화성, 판교, 파주, 김포 신도시 개발을 계획하기에 이르렀다.

### 3.7 동북아의 중심 인천국제공항 건설

2000년대 동북아 중심 국가의 위상과 수도권 항공 수요 처리 및 동북아의 중추(HUB) 공항으로서의 경쟁력을 선점하고, 포화 상태에 이른 김포공항의 수요를 분산하는 역할을 위한 수도권 신공항 건설 사업은 1980년대부터 논의되기 시작해 1989년 결정되었다. 1989년 6월부터 신공항 건설 입지 선정을 위한 타당성 조사가 실시됐으며, 영종도, 시화Ⅰ, 시화Ⅱ 지구를 물망에 올리고 검토한 끝에 1990년 6월 14일 영종도를 최종 입지로 선정하여 발표하고, 1996년 수도권 신공항의 이름을 '인천국제공항'으로 정하였다. 1992년 서울 도심에서 약 52km 떨어진 영종도·용유도·삼목도·신불도 일대의 바다를 매립해 착공한 인천국제공항은 약 8년이 지난 2001년 3월 29일 성공적인 개항을 했다. 주요 시설로는 활주로 2본, 여객계류장 1,267천$m^2$(38만 평), 화물계류장 129천$m^2$(4만 평), 여객주기장 60개소 등의 시설을 갖추고 있다. 인천국제공항은 증가하는 항공 수요 및 급변하는 항공 산업에 대비 중추 공항으로 발전하기 위해 2단계 건설 계획을 추진하고 있다. 인천국제공항의 2단계 건설 사업은 공항시설 부지 8,250천$m^2$(250만 평)에 총 사업비 4조 7천억 원을 투입해 2002~2008년까지 약 7년에 걸쳐 건설할 계획이며, 주요 시설로는 활주로(길이 4,000×60m) 1개, 탑승동 158천$m^2$(4.8만 평) 1개, 여객계류장 1,089천$m^2$(33만 평), 화물터미널 100천$m^2$(3만 평), 국제업무지역 331천$m^2$(10만 평), 여객 · 다목적부두 등이 추가 건설될 계획이다. 2008년 2단계 전체 공사가 완료 및 시험운행되면

**〈표 4〉 인천국제공항 단계별 사업계획**

| 구분 | | 1단계 | 2단계 |
|---|---|---|---|
| 공항 | 활주로(m) | 2개(3,750×60) | 2개(3,750×60)<br>1개(4,000×60) |
| | 여객터미널(만 평) | 15 | 15 |
| | 화물터미널(만 평) | 4 | 7 |
| | 연간운항회수(만 회) | 24 | 41 |
| | 연간여객처리(만 명) | 3,000 | 4,400 |
| 교통 | 고속도로 | 6-8차선(40.2㎞) | 6→8차선 확대 |
| | 전용철도 | 용지매입 | 복선 61.5㎞ |
| 배후지원 단지(만 평) | | 66 | 66 |

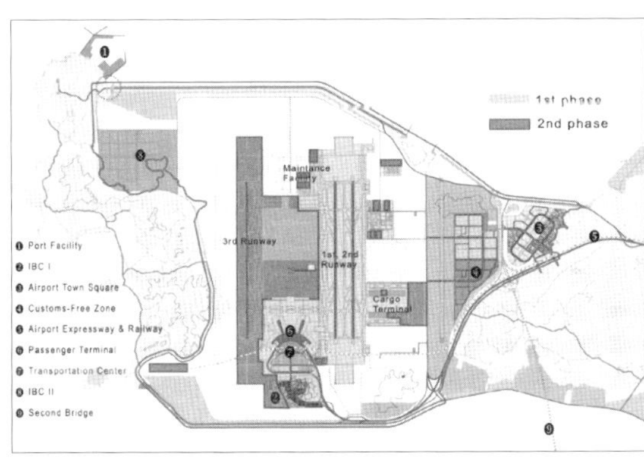


인천국제공항 단계별 사업계획도

인천공항의 연간 운항 횟수는 24만 회에서 41만 회로, 여객처리능력은 3천만 명에서 4천4백만 명으로, 화물처리능력은 270만 톤에서 450만 톤으로, 여객계류장의 항공기 주기대수는 60대에서 108대로 각각 증가하게 된다. 2020년 최종 완료될 경우 연간 53만 회의 항공기 운항 1억 명의 여객처리, 700만 톤의 화물을 처리할 수 있는 세계적 공항이 될 것이다. 이와 함께 국제 무역과 정보 레저 활동 등을 위한 국제업무지역과 배후지원단지를 조성하여 인천국제공항을 중심으로 한 복합적 기능의 국제공항 도시가 개발될 것이다. 아울러 인천국제공항 건설과 함께 배후 지역인 영종도 · 무의도에 관광지구와 송도 신도시가 개발되고 있다.

### 3.8 고속철도 건설

고속전철사업은 교통 수요의 양적 증가 및 수요의 고급화 추세에 대응하고, 지방경제의 활성화 및 국토의 균형 있는 발전의 수단으로 1981년 시작된 「제5차 경제사회발전 5개년 계획」에 반영되면서 1983년 타당성 조사를 시작으로 2004년 서울-부산 간 400여 km 전구간과 호남고속철도가 개통되었다. 여기에 축적된 기술력을 바탕으로 서울-속초-강릉 구간의 동서고속철도를 추진하게 됨으로써 장차 국토 공간은 동서남북으로 기본축을 구축하고, 지역별로 광역 교통망을 형성하여 전철을 중심으로 도로, 항만, 공항 등의 기타 교통 수단과 연계될 것이다.

국토개발계획상의 지방 활성화 전략과 도시별 기능과의 접목을 통하여 해당 지역의 역세권을 교통과 정보의 중핵 거점으로 육성시켜 낙후 지역의 도시 기능을 신장 · 재편성하고, 지역 경제의 활성화를 바탕으로 국토의 균형 발전을 이룩하여 나갈 것이다. 아울러 고속철도는 향후 통일 국토의 기반으로 대륙을 통해 유럽으로 나아가는 초석이 될 것이다.

고속철도 역사와 역세권 개발

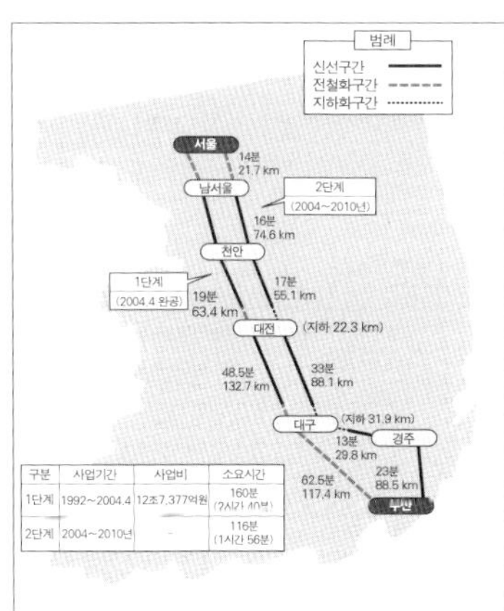


고속철도 단계별 사업도

**〈표 5〉 고속철도건설 연혁**

| 연도 | 사업내용 |
|---|---|
| 1989.05 | 경부고속철도 건설방침 결정 |
| 1990.06 | 기본계획 및 노선확정. 연장 409km (서울-천안-대전-대구-경주-부산) |
| 1994.06 | 차량도입 계약체결(프랑스TGV 선정) |
| 1998.07 | 고속철도건설 기본계획 변경 단계별 개통<br>· 1단계: 서울-대전 2003년 12월, 서울-부산 2004년 4월 개통<br>· 2단계: 2010년 개통 |
| 1999.12 | 호남선 전철화 추진 계획 수립(철도청) |
| 2003.04 | 서울-부산 · 목포 2004년 4월 동시 개통 확정 |
| 2004.04 | 경부 · 호남 동시 개통 |

III

# 건축 기술

990 1991 1992
993 1994 1995
996 1997 1998
1999

# | 1장 | 건축구조 및 재료

**최완철** | 숭실대학교, 건축학부 교수

## 1. 한국건축기술의 시대적 배경

1990년대에는 산업이 발전하고 국가 경제력이 나아짐에 따라 건축물이 대형화, 고층화되었다. 주거시설이 대량 요구되면서 정부의 「주택 200만 호 건설정책」의 일환으로 신도시 지역에 대형 아파트 단지를 건설하게 되었고, 새로운 상업지역인 강남을 중심으로 업무시설이 대량 건축되었다. 또한 2002년 월드컵을 개최함에 따라 각 지역별로 대형 경기장이 건설되었고, 국제 산업 활동의 폭주로 이를 수용할 수 있는 새로운 공항이 건축되었다. 이러한 대형 건축물을 건설하는 과정에서 건축구조 기술도 크게 발전하게 되었다.

반면 급속한 건설로 공사의 부실 문제도 발생하게 되었고, 신도시 건축공사에 대한 품질 문제가 제기되어 국민에게 불안감을 주었으며, 이러한 와중에 삼풍백화점의 붕괴 참사(1994년)라는 비극적 사건도 발생하게 되었다. 이후 국가 건축물에 대한 관리에도 관심이 높아져 「시설물안전관리에 관한 특별법(1995년)」이 제정되어 이 분야에 대한 진단, 보수 보강, 유지관리 기술도 발전하게 되었다.

## 2. 한국건축구조의 성장 발전 내용

### 2.1 건축구조기술의 세계화 물결

1990년대에는 미국을 위시한 유럽 등 해외 유학으로 학위를 취득하고 귀국한 새로운 건축구조 기술자의 숫자가 많이 늘어났다. 이에 기존의 일본 건축기술 체계로부터 벗어나 국제적으로 통용되는 건축구조 관련 체계로 변화하게 되면서 건축구조의 기준은 세계화의 물결에 힘입어 서방의 설계 기준을 참고하여 작성하게 되었다. 더욱이 건축구조가 미국 등지에서는 토목구조와 같은 분야에 속하기 때문에, 우리나라에서도 건축가가 토목구조 기술자와 함께 활동하게 되었고, 이는 건축구조의 새로운 방향을 제시하게 되었다. 한국전산구조공학회(1988년), 한국콘크리트학회(1989년), 한국강구조학회(1990년)가 창립되었고, 구조 관련 기준들은 이러한 전문학회에서 건축 · 토목 기술자가 모두 사용할 수 있도록 제정되었다(콘크리트 구조설계기준, 1999).

새로운 세대들은 국제 경험을 활용하여 국제 활동 또한 다양하게 전개하였다. 세계적인 학술지에 연구 논문을 개제하여 국위를 선양하고 다수의 국제학술회를 서울에서 개최하였다. 가까운 한일, 한중일, 또는 아시아, 태평양 권역에서 국제학술회의를 각 국가와 상호 교환으로 정기적으로 개최하게 되었다(한국콘크리트학회-미국콘크리트학회 2000년 서울대회).

## 2.2 건축공학의 홀로서기

1990년대는 세계화의 물결 속에서 WTO 체제 출범에 따른 건축 설계 및 감리를 포함한 국내 건설시장의 본격적인 개방 등 한국건축은 일대 전환기를 맞게 된다. 교육시장의 개방 압력으로 건축 교육 개혁을 위한 실천적 방안에 대한 토의가 있었고(1996년), 새로운 건축 기술 교육 방향에 대한 혁신이 이루어지게 되었다. 교육학제가 개편되어 일부 대학에서는 건축학이 5년제로 독립하게 되면서 건축공학이 분리되었다. 그러나 오랫동안 건축과 건축기술의 공생 관계에서 engineering fee 개념이 희박하였던 과거 관습으로부터 건축구조는 여전히 홀로서기에 큰 어려움을 겪고 있다. 더욱이 1997년 IMF 경제위기를 맞게 되면서 경제 활동이 위축되고 건축생산이 축소되었으며, 이에 건축구조기술자의 어려움은 더욱 커졌다. 앞으로 건축설계와 구조 두 분야가 완전히 독립되고, 서로의 분야를 인정하여 안정된 건축구조기술자 시대가 열리기를 고대하고 있다.

## 3. 1990년대의 철근콘크리트 건축구조물

국가 경제력이 증가되고 산업이 발전됨에 따라 건축물이 대형화, 고층화되었다. 정부의 「주택 200만 호 건설정책」의 일환으로 분당, 평촌, 일산, 중동 지역에 대형 아파트 단지가 건설되었고, 대부분의 주택건축물이 콘크리트 구조로 건축되었다. 주택의 대량 공급의 한 방편으로 조립식 주택이 소개되었고 국가적 지원으로 한때 크게 성행하였으나, 시공성, 정밀도 결여와 사용성의 문제 때문에 위축되고 일부 공사에서만 사용하게 되었다. 철근콘크리트 공법에서 공기 단축 및 공사비 절감 차원에서 공사가 단순화되었고, 그 예로 이 시기에는 대부분 벽식 아파트가 적용되었다. 그 후 벽식 아파트는 평면 가변성의 약점으로 다시 골조형 아파트, 또는 플래트 스래브형 구조로 변화되었다.

이 시기에 철근콘크리트 구조는 공공 구조물에 사용되었으며, 대체로 주택건축물, 특히 아파트 건축에 집중되었다. 철근콘크리트 건축물의 대표적인 사례는 다음과 같다.

- **쌍용투자증권 사옥**(구조설계, 이창남, 1995)

지하 7층, 지상 30층, 콘크리트 구조로 연면적은 70,170m$^2$이다. 내횡력 구조로 중앙부에 전단벽(shear wall)을 계획하였다. 개구부 결손으로 인한 일체식의 응력 배분 감소는 커플링 빔(coupling beam) 추가로 해결하였다. 저층부는 기둥을 삭제하고 트랜스퍼 거더(transfer girder)로 해결하였다.

29~30층 바닥은 스팬이 큰 캔틸레버 보(contilever beam)가 주 바닥 구조로 계획되었으므로 층간 수직 변위차에 의한 하자 방지를 위하여 층간 수직 부재를 추가하였다. 당시 철근 콘크리트 건물로서는 국내 최고였다.

• **신정차량기지아파트**(구조설계, 김종호, 1995)

차량기지 상부에 조성된 인공대지 위에 신축된 아파트로서, 지하 1층, 지상 15층 구조이다. 중력 하중은 두께 150mm의 슬래브에 의해 벽체에 전달되며, 수평 하중은 코어 부분의 벽체에 의해 지지된다. 코어 벽체는 두께 180mm의 철근콘크리트 내력벽으로서 슬래브로부터 중력 하중 및 횡 하중을 받아 이를 트랜스퍼 플레이트(transfer plate)에 전달하고, 트랜스퍼 플레이트에 전달된 중력 하중 및 횡 하중은 차량기지 기둥을 통하여 차량기지 하부 기초에 전달하도록 하였다.

• **프레야타운**(구조설계, 김종호, 1995)

지상 22층, 지하 6층으로 지하층은 SRC로 되어 있으며, 지상층은 철근콘크리트 구조로 되어 있다. 횡 하중은 전단벽에 의해 지지되며, 16층에 트랜스퍼 트러스(transfer truss)가 설치되었다. 기초는 독립기초를 사용하였으며, 아이스랜드 컨스트럭션(island construction) 공법을 사용하였다.

• **분당 나산오피스텔**(구조설계, 김종수, 1996)

지하 6층, 지상 37층의 철근콘크리트 구조 주거형 오피스텔 건물이다. RC

벽체의 두께는 600mm이며, 세대간벽을 아웃리거 월(outrigger wall)로 지붕층에 배치해서 변위 조절을 하였으며 본격적인 철근콘크리트 주거형 건물로 설계된 건물이다.

↑ 이창남, 쌍용투자증권 사옥(서울, 구조설계, 1995)
↙ 김종호, 프레야타운(서울, 구조설계, 1995)
↘ 김송호, 신정차량기지아파트(서울, 구조설계, 1995)

**• 부산 당감동아파트**(구조설계, 최준식, 1997)

지하 3층, 지상 25층 철근콘크리트 벽식 구조 건물로서 지하 2~3개 층의 주차장과 일체화되어 경사지에 위치한 복합 주거단지이다. 저층 빌라형 아파트가 계단식으로 넓게 배치되어 있어, 한쪽 편토압만 작용하고 기초지반의 변화도 심하여 파일(pile)기초, 내림기초 및 직접기초를 혼용하여 구조계획하였다.

**• 판테온 I**(구조설계, 김종수, 1997)

지하 3층, 지상 27층 철근콘크리트 구조이며, 기준층에는 층고 절감을 위해 세대간벽의 콘크리트 벽체(내력, 내진벽)에 의해 지지되는 일방향 슬래브로서 8.0m의 경간에서 250mm 일방향 슬래브를 채택하였다. 하부층의 주차공간과 상가 구성을 위해 8.0m×8.0m 모듈의 RC 구조이며, 5층에서 상부층의 벽체 힘 전달을 위해 2.0m의 힘 전달 보(transfer beam)를 사용했다.

**• 도곡동 우성캐릭터**(구조설계, 최준식, 1998)

지하 4층, 지상 33층으로 중앙의 코어 벽체 및 건물 외곽 RC 프레임(frame)으로 횡력을 지지할 수 있도록 계획된 RC 구조물이다. 주거 평면의 가변성을 살릴 수 있도록 유닛(unit) 내부 RC 벽체가 없이 바닥을 평판 슬래브(flat plate) 구조로 계획하였다. 콘크리트 강도를 $f_{ck}$=420kgf/cm$^2$ 사용하여 기둥 단면을 최소화하였고, 외곽 프레임은 아파트 발코니 난간을 이용하여 횡력 지지 강성을 확보하였다.

• **일산 백병원**(구조설계, 김종호, 1999)

지상 10층, 지하 6층 구조로 수평 하중은 200mm의 철근콘크리트 코어 벽체에 의해 지지된다. 기초는 독립기초 형태로 지내력은 연암 및 보통암을 지지층으로 하고 있으므로 100t/m²로 가정하였으며, 코어를 포함한 일부 부분은 매트(mat) 기초로 구성하였고, 지하수위는 G.L -6.0m로 설정하였다.

↑ 최준식, 당감동아파트(부산, 구조설계, 1997)
↙ 최준식, 우성캐릭터(서울, 구조설계, 1998)
↘ 김종호, 일산 백병원(일산, 구조설계, 1990)

• **내수 주공아파트**(구조설계, 김종수, 2000)

지하 4층, 지상 16층이고 연면적은 60,000m$^2$이다. 2층의 1500mm 트랜스퍼 플레이트 기반의 16층 전단벽 시스템 아파트 빌딩이다. 2층 저층부는 RC 라멘과 전단벽체로 구성하였다.

• **부산 문현동 힐타워**(구조설계, 김종수, 1999)

지하 2층, 지상 33층 철근콘크리트 건물이다. 5층 마당은 벽식 아파트 구조도 계획했으며, 5층에서 두께 3.0m의 힘 전달보로 설계되었다. 저층부는 10.0m×12.0m의 기둥 모듈도 구성되어 횡력 전달(지진, 풍하중)을 위해 90.0m×158.0m의 저층부 평면 곳곳에 전단벽이 설치되어 있다.

• **트럼프 월드 II**(구조설계, 김종수, 2000)

지하 6층, 지상 36 층 의 철근콘크리트 주상복합 건물이다. 두께 450mm 중앙 RC 전단벽과 4층과 지붕층에 높이 1,500mm의 아웃리거 거더에 의해 외부 기둥과 연결하여 횡력에 안전하게 설계되었다. 4층의 아웃리거 거더는 수영장 설치 부분과 합쳐져서 큰 중력 하중과 횡력을 동시에 지지하게 설계되었다.

• **분당 현대 I-SPACE**(구조설계, 김종수, 2000)

지하 2층, 지상 34층 전단벽식 일자형 아파트 구조이다. 세장한 전단벽 시스템의 횡력 안정을 위해 지붕층에 오프셋 아웃리거(off-set outrigger)를 사용하였다. 지상 3층 이하에서 전 평면의 약 반 가까이 피로띠를 채택하기 위해, 소프트 스토리(soft story)효과와 셰어 스토리(shear story)를 검토하여 트랜스퍼 층과 하부 기둥을 보상하도록 설계하였다.

• **분당 파크뷰**(구조설계, 김종수, 2000)

지하 2층, 지상 34층 아파트 구조로, 4층의 2,000mm 트랜스 플레이트 기반의 34층 전단벽 시스템이다. RC 라멘구조와 전단벽체로 구성된 4개 층의 저층부를 두고 있다.

↖ 김종수, 주공아파트(서울, 구조설계, 2000)
↗ 김종수, 힐타워(부산, 구조설계, 1999)
↙ 김종수, 트럼프월드 II(서울, 구조설계, 2000)
↘ 김종수, 현대 I-SPACE(분당, 구조설계, 2000)

## 4. 1990년대의 철골구조 건축물

1980년대 후반부터 1997년 IMF 금융위기가 있기 전까지 우리나라는 그야말로 건축 황금기라 할 수 있을 정도로 건축에 폭발적인 붐이 일어났고, 특히 고층 건축은 경쟁적이라고 할 수 있었다. 이러한 시기에 30층부터 40층 이상에 이르기까지 고층 건축에 철골구조가 유행처럼 사용되었다. 세계적 기업인 포스코를 중심으로 형강 등 철강의 생산이 활발하고 양질의 강재가 공급됨에 따라 많은 건축물에 활용되었다. 철골 건축구조물의 대표적인 사례는 다음과 같다.

**• 금호그룹 광주사옥**(구조설계, 전봉수, 1995)

지상 30층, 지하 6층 구조이다. 구조 형식은 골조형 튜블러 시스템(framed tubular system) 바닥 기둥을 평균 간격(sm)으로 촘촘히 배치하고, 스팬드럴 빔(spandrel beam)을 연결하여 3층 이상은 튜브 구조, 그 이하는 일반 가구 구조(rigid frame)로 구성하였다. 상부 튜브 구조가 하부 모멘트 구조의 횡력 전이를 위하여 코어 내에 3개 가구에 수직 브레이스를 두어 적절한 전단 보강 구조이다.

**• 분당 스포츠센터**(구조설계, 전봉수, 1991)

지상 5층, 지하 3층 구조이다. 지상층 구조시스템으로 일반층 스팬 30m의 워런 트러스(warren truss)이며, 지붕 층에는 30m의 킬 트러스(keel truss) 2

개조를 사용하였다. 기둥 형식은 분담 면적이 큰 관계로 박스형 단면으로 하고, 방향에 따라 두께를 달리 적용하였으며 영구 배수 시스템을 적용하였다.

• **군인공제회관**(구조설계, 전봉수, 1995)

지상 34층, 지하 7층 구조이다. 철근콘크리트 코어벽과 철골조를 사용하였고 지하는 철근콘크리트 구조이다. 횡력저항 시스템으로 철근콘크리트 전단벽 방식을 채택하였고, 층고의 최소화를 위한 광폭보를 적용하였다. 합성기둥 형식으로 고층부는 BOX COL., 저층부는 H COL.을 적용하였다.

• **테크노마트**(구조설계, 김종수, 1995)

지하 10층과 지상 38층의 철골구조 이중골조(dual frame)이다. 폭 높이 비가 거의 1:9에 가까운 가늘고 긴 건물로서 외단부 코어에 전면 가새 설치와 강접 골조를 병행하여 횡력을 지지하게 설계되었으며, 외단부 골조의 기초부분에서는 인장력이 발생하여 앵커로 인발력에 저항되게 설계되었다.

← 전봉수, 금호그룹 광주사옥(광주, 구조설계, 1995)
→ 김종수, 테크노마트(서울, 구조설계, 1995)

• **한국산업은행**(구조설계, 이창남, 1997)

지하 4층, 지상 8층으로 연면적 99,843m²이다. 지상층 철골보에는 하이데크 플레이트(hi-deck plate)를 거푸집으로 한 RC 슬래브, 기타는 일체식 RC 슬래브로 계획하였다. 서브 빔(sub beam)은 단면 절약 및 처짐량 제어를 위해 데크 플레이트(deck plate) 위 슬래브와 합성설계로 응력 전달은 전단 접합재(shear connector)로 하였다. 지상층 8층, 9층의 콘크리트는 고정 하중을 최소화하기 위해 경량콘크리트를 사용하였다. 지하 1층 강당 상부는 24.0m의 장스팬으로 H형강 단일 부재이며, 지하 외벽은 슬러리 월(slurry wall)로 이루어져 있고, 지하 3층 상부는 슬래브가 열리므로 플라잉 거더(flying girder)를 설치하여 외부 토압에 저항할 수 있도록 하였다.

• **분당 서현역사**(구조설계, 이창남, 1997)

지하 6층, 지상 20층이며, 연면적은 118,711m²이다. 수직 하중에 대해서는 스틸 거더(steel girder)와 합성보 시스템, 수평 하중에 대해서는 RC 전단벽 시스템으로 저항하도록 구조 계획하였다(최대 스팬 19.2m). 수직 비정형에 의하여 일부 층 건물 외곽을 캔틸레버 구조로 계획하고 처짐 제어 캠버량을 결정하였다. 두 개의 건물로 분리된 건물은 중간층에서 브릿지로 연결되며 온도에 의한 균열을 제어하기 위하여 E.J를 설치하였다.

• **동대문 밀리오레**(구조설계, 김종호, 1998)

지상 20층, 지하 7층 구조이다. 지하층은 SRC로 되어 있으며, 지상층은 철 구조로 되어 있다. 횡 하중은 모멘트 프레임과 전단벽에 의해 지지되며 기초는 RCD 피어(pier)로 되어 있으며, 톱-다운(top-down) 공법이 사용되었다.

• **목동 나산스위트**(구조설계, 김종호, 1998)

지상 31층, 지하 5층 구조이다. 본 건물은 주상복합 건물로 지하층은 철근콘크리트조이고 지상층은 철골조이다. 수평 하중은 건식공법에 의한 브레이스(brace)+철골 트러스 아웃리거(truss outrigger) 시스템에 의해 지지되며 기초는 독립기초이다.

↖ 이창남, 한국산업은행(서울, 구조설계, 1997)
↗ 이창남, 서현역사(분당, 구조설계, 1997)
↙ 김종호, 밀리오레(서울, 구조설계, 1998)
↘ 김종호, 나산스위트(서울, 구조설계, 1998)

• **보라매 환타지아타워**(구조설계, 김종호, 1998)

지상 42층, 지하 8층 구조이다. 주상복합 건물로 지하층은 철근콘크리트조이고 지상층은 철골조이다. 수평 하중은 모멘트 프레임과 콘크리트 전단벽 시스템으로 지지되며 기초는 독립기초이다. 건물 외벽의 철골 박스기둥 사이를 연결하는 충진 전단벽을 사용하여 수평력에 대한 강성을 확보하였다.

• **여의도 주상복합빌딩**(구조설계, 이성재, 1998)

경간 108.0m으로 장스팬이 요구되는 전시장의 지붕층 구조이다. 철골트러스를 9.0m 간격으로 설치하고 그 사이 스팬은 오픈 웹 조인트(open-web-joint) 구조로 해결하였으며, 컨벤션센터 3층 볼룸의 최대 스팬 36.0m도 철골트러스구조로 계획하였다. 장스팬 철골트러스 구조는 기울어진 외곽 기둥과 강접합되어 수직, 수평 하중에 저항할 수 있도록 설계하였으며, 특히 외부 커튼 월(curtain-wall)을 지지하는 백 스트럭처(back-structure)의 풍하중에 대한 사용성 검토가 특징적이다.

• **타워팰리스 I**(구조설계, 김종수, 1998)

연면적 460,000m² 으로 66층, 56층, 58층 짜리 주거동 3개와 45층 오피스텔 1개동으로 구성되었으며, 지하 4층은 주차장으로 구성되어 있다. 중앙부는 두께 600mm의 RC 구조이며, 외부 평면은 철골조 기둥과 보로 구성되었다. 중간층 기계실과 지붕층을 이용하여 RC 코어벽과 외부 철골 기둥을 철골 아웃리거 트러스로 연결하여 횡력에 저항하게 설계되었다.

• **아셈 컨벤션센터**(구조설계, 전봉수, 1999)

지상 5층, 지하 5층 구조이다. 지붕트러스(스팬 81.0m, 중심 최대 높이 6.0m, 양측 18m의 내민길이(over hang)를 포함) 117m의 길이로 렌즈형 플래트 트러스로 설계되었다. 지상층 구조로는 컨벤션 부분은 철골 구조, 합성보 구조 및 철골트러스 구조로 설계되었으며, 로딩덕은 철근콘크리트 구조 및 일부 철골 구조로 되었다. 횡력저항 구조로서 컨벤션센터 양측의 코어와 로딩덕의 트랙램프벽체 호텔과 컨벤션홀 사이의 전단벽이 횡력에 저항하는 내력벽 방식의 전단벽을 택하였다.

↖ 김종호, 환타지아타워(서울, 구조설계, 1998)
↗ 김종수, 타워팰리스 I(서울, 구조설계, 1998)
↓ 전봉수, 아셈 컨벤션센터(서울, 구조설계, 1999)

• **부산법원종합청사**(구조설계, 이성재, 1999)

지하 7층, 지상 37층 구조로 건물고는 125.0m이다. 지상 10층까지는 업무시설과 체육시설, 그 이상은 공동주택으로 계획된 건물이다. 업무시설층은 스틸 데크(steel deck) 바닥과 철골보로, 공동주택은 무량판 바닥구조(flat-slab system)로 하여 층고를 최소화(층고 3.10m)하는 형태로 구조 계획하였다. 횡 하중은 양쪽 측벽과 중앙 코어에 배치된 철근콘크리트 전단벽이 부담하는 전단벽 구조를 사용하였으며, 도심 내 고층건물의 시공성을 고려하여 톱-다운 공법을 적용하기 위해 전체 기둥은 철골철근콘크리트 구조로 계획·시공하였다. 일부 기둥열의 상하 위치를 일치시키지 못해 기울어진 기둥(sloped-column)을 이용하였으며, 전면 체육시설(골프연습장)의 지붕 및 벽면에 노출 철골트러스 구조를 사용한 것이 특징이다.

• **도시개발공사사옥**(구조설계, 이성재, 노영균, 1999)

지하 3층, 지상 15층 철골 구조이다. 바닥 구조는 스텔 데크와 시어커넥터로 수평 하중을 전달하는 노출형 합성 철골보로 계획하여 수직 하중을 지지하고, 수평 하중에 대해서는 중앙의 철근콘크리트 코어벽체(THK. 250mm)와 건물 외곽의 철골 연성모멘크 골조가 함께 저항하고 있는 이중골조방식(dual-system)으로 구조 계획하였다. 전면 아트리움의 노출 파이프 트러스(pipe-truss) 및 측면 약 12.0m의 내민보를 이용한 캐노피(canopy) 구조가 특징적이다.

• **동부금융센터**(구조설계, 김효진, 2000)

지하 7층, 지상 35층 철골 구조이다. 철골 물량은 13,415.0톤으로 지상부 구조는 모멘트 연성골조방식과 가새골조, 철골 구조의 모멘트 연성골조방식에 브레이스 구조를 병용한 이중골조 시스템이며 지하부 구조는 복합기둥(composite column)과 RC 플랫 슬래브(무량판 구조)로 되어 있다.

지상은 내화구조용 데크 슬래브 위의 철근콘크리트 슬래브이며, 지하는 타워(tower) 기둥으로 철골철근콘크리트 구조, 저층부 기둥은 철근콘크리트 구조이다. 슬래브와 보는 드롭패널(drop panel)을 가진 철근콘크리트 플랫 슬래브이다.

• **SBS 목동사옥**(구조설계, 전봉수, 2000)

지상 22층 , 지하 4층 구조이다. 철골조 양쪽 코어 브레이스 구조를 택하였으며, 바닥 형식은 메탈 데크(metal deck) 위 콘크리트 슬래브 175mm로 하였다. 철골모멘트 골조 구조를 택하였으며, 지하 외벽 구조는 슬러리 월로

↖ 이성재, 노영균, 도시개발공사사옥(서울, 구조설계, 1999)
↑ 김효진, 동부금융센터(서울, 구조설계, 2000)
↗ 전봉수, SBS 목동사옥(서울, 구조설계, 2000)

하였다. 지하 바닥은 8.1×8.1m 플랫 슬래브와 8.1×9.5m 플랫 슬래브로 설계하였다.

• **아주사옥**(구조설계, 정광량, 2000)

지하 8층, 지상 21층 구조이다. 지하구조물 시공 시 슬러리월과 어스앵커 공법을 적용하였고, 기본 재료는 SRC 구조로 구성되었다. 횡력은 코어월이 전담하고 기타 부재가 수직력을 부담한다. 수직력 저항시스템 구성 시 메인거더에 설비 공간을 위한 공간을 오픈시키고 작은 보는 조이스트 빔으로 설치하는 구조 형식을 적용하여 층고를 절감하는 방식을 채택하였다.

• **아남타워**(구조설계, 정광량, 2000)

지하 6층, 지상 20층 구조이다. 지상 구조물은 철골구조이며, 지하 구조물에는 철근 콘크리트를 적용하여 톱-다운 공법으로 시공하였다. 횡력은 철근 콘크리트 코어와 철골 골조가 부담하도록 되어 있으며 와이드 빔(wide beam)을 사용하였다. 지하 수위가 높은 관계로 외벽 및 기초에 영구 배수시스템(dewatering system)을 적용하였으며 최초로 내화용 데크(kem-deck)를 사용하였다.

• **국민연금부산회관 신축공사**(구조설계, 김종수, 2000)

지상 25층 사무실과 지하 4층 주차장 건물이다. 철골 구조 라멘과 전단 보강과 기울림 형태의 두께 600mm 중앙 RC 코어 벽체로 구성되어 있다.

• **흥국생명신문로사옥**(구조설계, 김종호, 2000)

지상 24층, 지하 7층 구조이다. 지상층은 철골 구조, 지하층은 철근콘크리트 구조이며, 콘크리트 전단벽에 의해 수평 하중을 지지한다. 톱-다운 공법에 의해 시공되었으며, 지하층 바닥은 플랫 슬래브 시스템이다.

↑ 정광량, 아남타워(서울, 구조설계, 2000)
↙ 김종수, 국민연금부산회관 신축공사(부산, 구조설계, 2000)
↘ 김종호, 흥국생명신문로사옥(서울, 구조설계, 2000)

• **아셈타워**(구조설계, 김종호, 2000)

지상 41층, 지하 4층 주조로, 스틸과 SRC 구조물로 구성되어 있다. 바람과 지진 하중에 대한 횡력 저항 구조는 지상부 모멘트 프레임과 코어 주위 브레이스 시스템으로 설계하였으며, 지하층은 RC 코어월이 저항하도록 설계하였다. 지하 1층은 지상층의 스틸 브레이스 시스템(steel brace system)이 RC 코어월시스템으로 갑자기 변화하는 것을 구조적으로 완화하기 위하여 버팀대를 RC 코어월 내부에 설치하였다. 구조물 해석 시 횡력 저항에 대한 베이스라인(base line)은 지하 4층 바닥에 두고 각 지하층 바닥에 수평탄성 지지점을 두어 해석 모델이 좀 더 실제 건물과 비슷해지도록 하였다. 그리고 상부층 프레임은 횡력 저항 모멘트 프레임 외의 모든 프레임 접합을 전단접합(shear connection)으로 계획하여 현장 시공이 용이하게 하였다.

• **서초현대슈퍼빌**(구조설계, 이성재, 2000)

지하 3층, 지상 46층, 건물고 150.6m이다. 삼각형 및 사각형 형태의 기준층으로 계획된 4개(28~46층)의 주거 타워동과 1개동의 오피스텔 건물(14층)이 지하 통합 주차장으로 하부에서 일체되게 계획된 철골 및 철근콘크리트 구조물이다. 순수 전단벽으로 모든 횡력을 부담하고, 철골 보-기둥을

김종호, 아셈타워(서울, 구조설계, 2000)

수직 하중만 전달하였으며, 코어 병렬 전단벽(core coupled shear wall)에 수평 하중을 전담시키기 위해 전단응력이 집중되는 인방보(coupled shear wall beam)에 철골을 매설하여 설계·공사하였다.

• **부산 국제전시장**(구조설계, 최준식, 2000)

108.0m의 장스팬이 요구되는 전시장의 지붕층 구조로서 철골트러스를 9.0m 간격으로 설치하고 그 사이 스팬은 오픈 웹 조인트 구조로 해결하였다. 컨벤션센터 3층 볼룸의 최대 스팬 36.0m도 철골 트러스 구조로 계획하였다. 위와 같은 장스팬 철골 트러스 구조는 기울어진 외곽 기둥과 강접합되어 수직, 수평 하중에 저항할 수 있도록 설계하였으며, 특히 외부 커튼월을 지지하는 백 스트럭처의 풍하중에 대한 사용성이 검토되었다.

• **광주광역시 신청사**(구조설계, 이성재, 2000)

연면적이 75,900m$^2$이며, 지하 3층, 지상 18층으로 건물고는 77.8m이다. 지붕면 및 측면에 가새를 계획하여 회전하려는 모멘트를 1층 바닥 슬래브 및 지하벽체에 수직 및 수평 하중으로 전달할 수 있도록 계획하였다. 행정동 저층부에 있는 타원형 대회의실의 27.0m 장스팬 부분을 2.0m의 합성 철골트러스로 기둥 강접하여 상부 하중을 전달하도록 하였다.

행정동 고층부는 중앙부 코어와 측면에 가새를 계획하여 수평 하중을 저항하도록 계획하였으며, 지상 1층 바닥 이하는 철골기둥과 RC보의 철근 간섭을 최소화하여 접합부 시공성를 확보할 수 있도록 밴드빔(band-beam) 시스템 구조 형식을 적용하였다.

## 5. 기타 건축물

1990년대에 들어서면서 국가 경제력의 증가 덕분에 건축물이 대형화되고 장스팬 건축물에 대한 사회적 요구도 증가하게 되었다. 1988년 올림픽 이후 1995년 아시아경기대회가 부산에서 열리고, 2002년 월드컵이 일본과 공동 개최되면서 각 지역별로 장스팬 경기장 건축이 활발하게 이루어졌고, 세계적으로 꼽힐 만한 아름다운 경기장이 우리나라에도 건축되었다.

이 시기에 국가적 건축 사업인 인천국제공항이 건축되어 우리나라의 관문으로서 그 웅장한 위용과 면모를 세계에 알리는 건축물이 되었고, 국민들에게 긍지와 자부심을 갖게 하였다. 인천공항 여객터미널의 지붕 구조는 경간이 87.5m로서 대공간 건축에 대한 우리의 구조 기술이 실현된 것이다.

또한 이 시기에 경부고속철의 개통으로 서울역, 광명역 등 고속철 통과역이 새롭게 건축되었으며, 이에 따른 나아진 생활수준의 결과들이 대형 건축물에 나타나게 되었다.

**• 부산 아시아드 주경기장**(구조설계, 전봉수, 1995)

연면적 92,638m$^2$, 지하 1층, 지상 4층 구조이다. 지붕 형식은 타원형 개구부의 케이블 트러스 막구조로 되어 있으며, 케이블 트러스 구조는 환상케이블, 방사케이블, 수직케이블 및 수직 포스트로 구성된다. 막구조 형식으로 막은 하부 케이블 트러스에 따라 48개의 패널로 되어 있고, 각각의 단일 패널은 3개의 아치가 균등하게 지지하였다. 지붕지지 구조 형식은 상부 지붕 구조와 이를 지지하기 위한 48개의 人자형 철근콘크리트 기둥, 거더 및 피어 기초로 이루어져 있다.

• **휘닉스파크 스키리조트**(구조설계, 김효진, 1996)

지상 28층, 지하 1층 구조이다. 타워 부분은 28.8×27.6m로 구성되어 있고, 중앙에 코어가 위치하여 횡변위를 제어할 수 있도록 X-버팀대(X-bracing)로 되어 있다. 코어 네 모퉁이 기둥은 수직 하중 및 횡변위, 버팀대 배치 때문에 강성을 확보하기 위해 박스 기둥으로 설계하였다. 지붕 부위가 고층 부위의 단차로 인하여 경사 부분에 E.J를 설치하여 응력 집중 현상을 피하고, 횡변위에 대해 절점자유도를 부여하는 시스템으로 구성하였다.

• **동계아시안게임 용평경기장**(구조설계, 김종수, 1997)

스페이스 프레임(spaceframe) 구조로 80.0m의 3차원 공간 지붕 구조물이다.

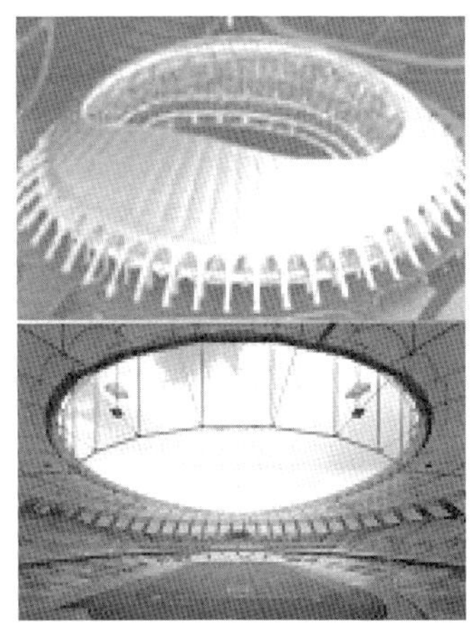

← 전봉수, 아시아드 주경기장(부산, 구조설계, 1995)
→ 김효진, 휘닉스파크 스키리조트(강원도, 구조설계, 1996)

• **아시안게임 금정경기장**(구조설계, 김종수, 1998)

연면적이 40,000m²이며, 지붕은 스틸 트러스와 패브릭 스트럭처(fabric structure)이며, PC 스탠드와 PC 기둥으로 구성되어 있다.

• **인천국제공항 관제탑**(구조설계, 김효진, 1998)

관제탑은 인천국제공항 중심에 위치하는 상징적인 건물로, 상공의 항공기를 맞이하고 배웅하는 공항의 등대이자 항공기 운항과 여객의 안전을 책임지는 상징물이다. 최고 높이가 100.4m이며, 상층부는 관제실과 장비관련실, 저층부는 업무지원 및 복지관련실로 구성되어 있다. 관제탑의 제진의 수단으로 지붕에 TLD(tuned liquid damper)를 설치하여 횡변위를 제어하는 시스템으로 시공되어 있다. 구조 해석에 의하여 관제탑의 1차 고유진동수는 0.777Hz로 사용성 평가에 적용하였다.

• **경부고속철도 광명역사**(구조설계, 전봉수, 1999)

연면적이 37,721m²이다. 중앙 지붕 구조는 비렌딜 3힌지 아치 구조 형식을 택하였다. 측면 지붕 구조는 비렌딜 트러스 구조 형식이며, 보도교 구조는 전체길이 81m 동서측에 위치한 콘코스를 연결하는 구조로 춤 1.5m의 조립 H형 강재로 구성하였다. 남북 파사드 트러스는 원형 강관을 사용한 트러스 구조로 춤은 2.0m이며, 측면 지붕과 보도교 상단에 설치하였다.

• **포항공항 여객청사**(구조설계, 전봉수, 1999)

연면적은 186,768m²이며, 지상 2층, 지하 1층 구조이다. 지붕 구조는 3관 트러스 및 변단면 형강을 사용하였다. 가구 형은 브레이스와 철골 모멘트 구조이며, 바닥 구조는 지상층은 바트러스데크 합성슬래브(150~200mm)로 하였다.

• **전주 월드컵경기장**(구조설계, 김종수, 2000)

42,000석의 축구 전용 경기장이며, 네 모서리에 높이 86.0m의 원형 강재 기둥(지름 3.0m~1.0m)이 세워졌고, 100.0m 경간의 지붕은 케이블에 의해 지지되는 사장 구조이다(cable stayed truss). 하부 스텐드, 경사보, 경기장 바닥 등 기초를 제외한 부분은 공기 단축과 경제성을 고려하여 프리캐스트 콘크리트(prestressed precast concrete) 구조로 설계되었다.

↖ 김종수, 아시안게임 금정경기장(부산, 구조설계, 1998)
↗ 김효진, 인천국제공항 관제탑(인천, 구조설계, 1998)
↙ 전봉수, 경부고속철도 광명역사(광명, 구조설계, 1999)
↘ 전봉수, 포항공항 여객청사(포항, 구조설계, 1999)

• **인천국제공항 여객터미널**(구조설계, 이창남, 전봉수, 2000)

지하 2층, 지상 5층 구조이고, 연면적 496,804m²이다. 기초는 강관 파일과 독립기초를 이용하였고, 주요 구조시스템은 모멘트 저항 골조로, 기둥은 철골, 보는 데크 플레이트와 철골보로 이루어진 합성보로 설계하였다. 슬래브는 데크 플레이트 위에 콘크리트를 타설하여 데크 플레이트를 거푸집으로 내용하였다.

지붕 구조는 경간 87.5m, 폭 60m로 한 유닛을 형성하며, 각 유닛 사이에는 익스팬션 조인트가 설치된다. 각 유닛은 두 개의 역삼각형 트러스로 지지되며, 트러스 사이에는 셸 액션(shell action)으로 지지되는 센트럴 탑 코드(central top chord)가 설치된다. 이러한 셸 액션은 지붕 버팀대와 크로스 멤버(cross member)의 강성과 트러스 탑 코드(truss top chord)의 곡률에 의해 얻어진다. 지붕은 수직 및 경사 기둥으로 이루어진 두 쌍의 역 V자형(inverted-V) 기둥과 세 개의 경사 기둥으로 지지되며, 역 V자형 기둥은 수직 및 수평 하중에 저항하는 브레이스 프레임을 형성한다. 또한 경사 기둥 사이에는 그 경사면을 따라 월브레싱(wall bracing)이 설치되며, 이것도 브레이스 프레임을 형성하여 횡력에 저항한다.

• **서울역 민자역사**(구조설계, 김효진, 2000)

연면적 약 20,000여 평으로 지상 6층, 지하 1층 규모이다. 증축 역사는 최소 5.55×10.0m에서 최대 18.8×10.0m의 기본 모듈을 가지는 장스팬 구조로, 적절한 철골구조를 적용하여 설계하였다. H형강 상부에는 전단 연결재와 두께 17.5cm의 철근콘크리트 슬래브를 타설한 바닥판 구조 형식을 형성하여, 수평 하중에 대한 횡경막 작용을 하도록 하였다. 일부 30.0m 장스팬과 캔틸레버 부분은 비렌딜 트러스(virendeel truss)를 사용하여 해결하였으며, 지하철역이 있는 지하 구간의 기존 구조체에는 하중을 작용시키지 않는 형식을 취하였다. 주차장의 램프 구간은 모두 6.0m의 캔틸레버 구간이므로 상부에 트러스를 사용하는 구조 형식을 취하였다.

↖ 김종수, 월드컵경기장(전주, 구조설계, 2001)
↗ 이창남, 전봉수, 인천국제공항 여객터미널(인천, 구조설계, 2000)
↓ 김효진, 서울역 민자역사(서울, 구조설계, 2000)

**참고문헌**

- 대한건축학회, 공업화주택 기술향상을 위한 심포지엄 발표집, 1993년 5월, 274쪽.
- 대한건축학회, 삼풍백화점 건물의 붕괴사고 조사 연구, 1995년 11월, 531쪽.
- 대한건축학회, 건축교육개혁을 위한 실천적 방안, 1996년 3월, 117쪽.
- 대한건축학회, 대한건축학회 50년사, 1996년 4월, 731쪽.

# |2장| 건축공법

**이현수** | 서울대학교, 건축학과 교수

## 1. 1990년대 건설산업과 건설기술의 변화

### 1.1 국내 건설산업의 주요 환경

1990년대에 들어서면서 국내 건설산업은 민간부문 공사의 비중이 점차 증가하였고, 정부의 신도시 건설 추진 정책에 따라 주택부문의 건설 물량이 늘었다. 또한 1989년에 자유화된 건설업 면허제도의 영향으로 건설업체가 증가하게 되었으며, 환경부문 및 기술개발 투자에 대한 관심이 고조되었다.

한편, 1994년 WTO 체제의 출범으로 인한 건설시장의 개방과 더불어 외국의 건설업체들이 국내 건설업 면허를 취득할 수 있게 되었고, 이들이 국내 공사에 진출하면서 경쟁이 격화되었다. 특히, 우리나라의 OECD 가입을 계기로 제도의 선진화, 규제완화, 세계화, 개방화 추세가 가속되면서 국내 건설산업의 환경은 커다란 변화를 맞이하게 되었다.

이 시기에는 유난히도 대형 건설사고와 재해 발생이 많았다. 1990년대 초반의 경부선 구포 선로 붕괴사고, 대구지하철 공사장 폭발사고, 1994년 성수대교 붕괴사고를 비롯하여 500여 명의 사망자와 1000명에 가까운 부상자를 낳은 1995년 서울 삼풍백화점 붕괴사고에 이르기까지 이 기간에 발생한 대형 건설사고는 건설산업에 대한 일반인의 성토와 건설기술자의 경각심을 일깨웠다.

### 1.2 건설기술의 변화

건설기술은 크게 공법, 재료, 장비 등과 연관된 하드웨어적인 고유 기술과 기획, 관리, 운영 등과 연관된 소프트웨어적인 관리 기술로 구분할 수 있다. 1990년대에는 건설 기술의 발전과 신소재의 등장으로 고유 기술의 범위가 확대되었다. 또한 건설사업의 규모가 방대해짐에 따라 경제적이고 체계적인 사업 관리가 필요하게 되었고, 그 결과 1997년에 제정된 건설산업 기본법에서 건설사업관리(CM)제도를 명문화하는 등 관리 기술이 건설에서 차지하는 비중이 점차 높아지기 시작하였다.

우리나라 건설기술의 변화 과정을 살펴보면, 1990년대는 일부 기술의 자립화가 이루어지고 기술집약화와 고도화가 실현된 시기라고 할 수 있다. 대형화된 건설사업을 지원할 수 있는 다양한 기술과 공법이 개발되었고, 이들을 이용한 초고층, 지능형 빌딩의 건설이 가능해졌다.

또한, 사회 전반에 걸쳐 환경보전에 대한 관심이 고조되면서 건설사업에서 환경친화적 설계 개념이 도입되었으며, 건설 폐기물의 재활용기술을 개발하고 활용하려는 노력이 확산되었다. 또한, 정보화사회를 표방하면서 설계전산화, 건설자동화 및 기계화, 건설정보화 등과 연관된 기술이 적용되기 시작하였다.

### 1.3 건축공법의 발전 방향

사회 · 경제적 여건의 변화는 다양한 측면에서 건축 생산 활동에 영향을 준다. 1990년대에는 건설 생산의 주요 자원에 해당하는 건설 인력 감소 현상이 현저하게 나타나기 시작하였다. 이는 인구증가율의 감소와 노동 집약 업종에 대한 기피에서 그 원인을 찾을 수 있다. 이러한 현상이 지속되면서 건설 분야의 신규 인력 진입이 급감하고, 기능 인력의 평균 연령이 상승하고 있다. 이러한 상황에서 건설 산업의 생산성 향상을 위해서는 설계 전산화 및 표준화, 건설 기계화 및 자동화 등의 인력 절감형 기술 개발이 시급하고, 기본 설계와 건설사업 관리를 담당할 수 있는 고급기술 인력 육성 체계의 확립이 요구된다.

1990년대 실시된 전문가 면담 조사 결과에 따르면, 우리나라의 건설기술 수준은 전반적으로 향상되고 있으나 아직 건설선진국의 기술 수준과는 많은 차이가 있는 것으로 나타났다. 따라서, 향후 건설선진국으로 도약하기 위해서는 연구 시설의 확충을 통하여 주요 기반기술에 대한 지속적인 연구 개발을 유도할 필요가 있으며, 취약 분야인 설계 · 엔지니어링 기술과 사업관리 기술개발에 대한 집중적인 투자와 더불어 이러한 기술을 보유하는 전문 인력의 육성과 관리에도 관심을 기울여야 할 것이다.

## 2. 건축공법의 적용 및 발전 과정

이 장에서는 전체 건축공법을 토공사, 구체공사, 마감공사, 특수구조공사, 기타 공사 등 5개 범주의 관련 공법으로 구분하여 설명하고자 한다. 각 범주에 해당하는 다양한 건설기술과 공법 중에서 1990년대에 신규로 개발되었거나 현장에서 많이 적용되었던 공법을 중심으로 정리하였다.

### 2.1 토공사 공법

① 지하연속벽 공법

지하연속벽(diaphram wall 또는 slurry wall) 공법은 1983년 서울 여의도의 〈LG 트윈타워〉 건축현장과 부산 지하철 현장에서 도입된 이래, 〈롯데월드〉 현장 등 대규모 건설현장의 지하 굴착공사의 토류벽 또는 영구옹벽으로 사용

지하연속벽 시공 모습

되었다. 지하연속벽은 〈서울중앙병원(1995년)〉, 〈센트럴시티(2000년)〉 등 대부분 도심에 위치한 건물의 지하 굴착공사에 적용되었으며, 어스 앵커와 같은 보강공법과 동시에 사용되기도 하였다.

②역타(Top-Down) 공법

1990년대에는 지하 토공사의 수행 과정에서 발생할 수 있는 붕괴사고와 주변 건물의 피해로 인한 민원발생을 방지하기 위하여 역타 공법이 보편화되는 추세를 보였다. 역타 공법은 지하구조물과 지상층 공사를 동시에 수행하는 공법으로서 공간이 협소한 도심지에서 공사 기간을 단축하는 데 기여하였다. 또한, 이 공법을 응용한 뉴 톱-다운 공법이나 SPS(Strut as Permanent System) 공법 등이 개발되기도 하였다. 1999년에 완공된 〈데이콤 강남사옥〉은 흙막이 공사에서 조립식 스트럿(strut) 공법을 국내에서 처음으로 시도하였으며, 업-업(up-up) 공법을 적용하여 공기를 단축하였다.

← 데이콤 강남사옥
→ 아셈타워

## 2.2 구체공사 공법

①고강도 콘크리트

1990년대 초에 분당 신도시 일부 아파트에서 530kgf/cm²까지의 고강도 콘크리트가 사용된 이래 서울의 대방동과 도곡동 등지의 초고층 주상복합 시설과 아셈 관련 시설(2000년) 등에서 고강도 또는 초고강도 콘크리트가 채용되었다.

②고유동 콘크리트

고유동 콘크리트는 자기충전성을 지니고, 재료 분리 없이 균질성을 확보할 수 있는 것으로, 1996년에 완공된 〈삼성건설기술연구소〉의 강관충전콘크리트구조(CFT)에 사용된 것을 비롯하여, 〈성균관대 600주년기념관(1999년)〉의 기둥, 〈대구 종합경기장(1999년)〉의 기초부 및 주각부, 〈부산 문현동 힐타워(2000년)〉의 기둥 등에 적용되었다. 경제적인 문제로 인해 고유동 콘크리트의 사용 사례는 많지 않으나, 향후 기술개발 성과에 따라 확대 적용될 것으로 보인다.

성균관대 600주년기념관

③거푸집 공법

고층 아파트와 주상복합시설 등 반복 공정이 많은 건축물이 증가하면서 다양한 형태의 시스템 거푸집이 사용되었다. 그동안 모듈구조로 보편화된 유로폼은 시공이 간편하고 경제적인 전용이 가능하여 철근콘크리트 구조체 공사에 폭넓게 활용되었으나 재래식 공법의 범주를 크게 벗어나지 못했다. 반면에 벽체용 거푸집인 갱폼은 한 번에 설치하고 해체하는 대형화·단순화된 거푸집 시스템으로 고층아파트, 콘도미니엄, 병원, 사무소 등에 적용되었다. 또한 테이블폼이라고도 하는 플라잉폼은 거푸집판, 장선, 멍에, 서포트 등을 일체로 제작하여 부재화한 바닥 거푸집으로서 수직 또는 수평으로 반복되는 모듈을 가진 구조물에 효과적으로 적용되었다. 그 밖에도 클라이밍폼, 슬립폼, 터널폼, 트래블링폼 등 다양한 시스템 거푸집이 용도와 건물의 특성에 따라 사용되었다. 특히 1990년대 후반에는 코어선행 거푸집 공법인 ACS(Auto Climbing System)가 도입되어 1997년 도곡동 군인공제회관 건축공사에서 처음으로 사용되었다. 그 후 ACS는 30층 이상의 건물 공사의 범용적인 공법이 되었으며, 이 시기에 시공된 대부분의 초고층 주거공사에서도 채택되었다. 한 예로서 SRC 구조인 〈대림아크로타운(1999년)〉 건설공사에서는 코어월 시공에 ACS를 사용하였고, 바닥판은 철골부재 위에 페로 데크(ferro deck)를 적용하였다.

④선조립(Pre-Fab) 공법

철근콘크리트 구조의 건축물이 대형화, 고층화, 고강도화되면서 철근 가공 · 조립작업은 작업 공간의 협소, 불균일한 품질, 불안전 등의 문제를 야기하였다. 철근 선조립 공법은 철근을 기둥, 보, 바닥, 벽 등의 부위별로 미리 절단 · 가공 · 조립해 두고 현장에서 이 부재를 접합 · 연결하여 조립하는 공법이다. 일본에서는 이 공법이 1960년대부터 현장에 적용되었고, 국내에서도 1980년대 해외건설 진출 이후 부분적으로 적용되기 시작하였다. 선조립을 위한 가공공장의 설립과 더불어 각종 철근 이음 공법이 개발되어 활용되고, 바닥과 벽의 보강근으로서 용접철망이 사용되었다.

⑤하이빔(HI-beam) 공법

하이빔은 강재와 철근콘크리트의 구조적인 장점을 활용하여 두 부재를 일체화시킨 새로운 개념의 복합보로서 보의 양단부는 RC 기둥과의 일체성 확보를 위해 철근콘크리트로, 보의 중앙부는 장스팬에 유리한 강재보로 구성되어 있다. 〈수원 인계동 빌딩〉, 〈대전 프라이스클럽〉, 〈데이콤 강남사옥〉, 〈삼성생명 휴먼센터〉, 〈성균관대 600주년기념관〉 등은 당초의 SRC조, S조, 또는 RC조에서 복합공법으로 변경함으로써 8.25%의 원가절감 및 공기 단축의 효과를 거두었다. 〈수원 인계동 빌딩 공사(1997년)〉에서는 기

← 서울 도곡동 대림아크로타운 구체공사
→ 대전 프라이스클럽 구체공사

등을 PC로 하고, 보는 하이빔(12m)과 PC를 혼용하였으며, 〈대전 프라이스 클럽(1998년)〉에서는 10m 구간에는 철골보를, 16m 구간에는 하이빔을 사용하는 L/C(Logical Composite) 프레임 공법을 적용하여 부재의 사용 범위를 다양화함으로써, 경제적인 장스팬의 시공이 가능하게 하였다. 데이콤 강남사옥에서는 고층 건물로서는 이 공법을 응용하여 개발된 조립식 PC 적층 공법을 처음으로 사용하였다. 성균관대 600주년기념관 건설공사에서는 21.6m에 이르는 장스팬에 하이빔이 포함된 복합 공법을 적용한 바 있다.

⑥PC(Precast Concrete) 공법

1990년대 중반 공업화 주택의 확대를 위한 정부의 지원으로, 10여 개 건설업체에서 PC를 생산하여 일부 공동주택 건축공사에 조립식 공법으로 시공하였다. 그러나 이 공법은 업체별 생산 제품의 규격과 제작 및 설치 방법에서 차이가 발생하는 등 생산시스템의 한계와 시공 상의 문제점으로 인해 성공하지는 못했다. 이러한 한계를 극복하기 위해 공장생산 부재와 현장타설 콘크리트를 혼용한 Half PC 등의 복합구조 공법들이 시도되기도 하였다.

⑦철골조 공법

일반 철골조 공법 이외에도 1990년대 이후 주택의 초고층화가 진행되면서 발생한 문제를 극복하고자, 구조체의 수명, 내진성능, 초고층화, 공간구성의 가변성 등에서 장점을 지니는 철골조 아파트가 건립되기 시작하였다. 그러나 철골조 아파트는 공사비 상승과 국내 현실에 적합한 철골조시스템의 부족으로 크게 활성화되지는 못했다. 1990년대 중반 이후에는 이러한 문제를 보완한 철골철근콘크리트조의 공동주택이 건립되기도 하였다.

⑧스틸하우스

1990년대 중반 철골 공법의 새로운 형태로서 내진성과 내구성이 우수하고 경량인 스틸하우스 건설이 시도되었다. 1996년부터 포스코를 중심으로 스틸하우스의 적용성이 검토되었으며, 1996년 2월 철강협회 내에 스틸하우스클럽이 결성되어 활성화를 도모하였다. 스틸하우스는 설계 변경이 용이하고 유연성이 풍부하기 때문에 설계의 자유도가 크고 개조 및 개축이 쉬우며, 시공성이 우수하여 특수 장비가 필요 없는 장점이 있어 널리 보급되고 있다.

1990년대에는 포항 신단지에 750여 세대의 스틸빌라 건설이 추진되었고, 1999년에는 500호 정도의 건물이 신축되었다. 스틸하우스는 현장

↑ 서울 도곡동 대림 아크로타운
↗ 스틸하우스(시공 중 사진)
↘ 스틸하우스 포항 주택단지

시공하거나 미리 공장에서 조립한 후 현장에서 중장비로 건립하는 방식이 주로 활용되었으며, 주택 이외의 다른 용도의 건축물에도 시도되었다.

⑨목조주택

국민의 생활수준이 높아지면서 전원주택의 건설이 증가하게 되었으며 환경친화적인 장점으로 인하여 전원에 적합한 목조주택에 대한 관심이 상승하였다. 목조주택에 적용된 주요 공법으로는 통나무주택, 경량목조주택, 조립식 목조주택, 간이형 목조주택, 기둥-보구조 공법 등을 들 수 있다.

## 2.3 마감공사 공법

①커튼월 공사

커튼월은 외형적인 구조시스템에 따라 멀리온 방식, 패널 방식, 커버 방식 등으로 구분되며, 현장에 반입하여 설치하는 방식에 따라 유니트시스템과 스틱시스템으로 구분된다. 〈데이콤 강남사옥(1999년)〉의 외벽은 유니트화한 커튼월의 공장제작 및 현장조립 공법을 사용하였으며, 〈아셈타워(2000년)〉의 커튼월도 유니트시스템으로 시공되었다. 1995년에 완공한 〈굿모닝증권 사옥〉의 커튼월은 철재틀에 석재를 붙이는 방법으로 설치되었다.

②유리공사

유리 공사에는 실링재와 글레이징 개스킷을 사용하는 일반적인 유리설치 공법 이외에, 매달림 공법, SSG(Structural Sealant Glazing) 공법 등의 특수 공법이 활용되었다.

SPG(Special Point Glazing) 시스템은 특수 가공한 볼트를 원추형 홀에 결합하여 유리면을 외견상 평탄하게 보이도록 하면서, 내부에서 유리, 스페이스 프레임, 와이어 및 스테인레스 파이프 등으로 구조물을 지탱하는 공법이다. 이 공법은 서울 강남의 〈포스코센터(1995년)〉, 〈서울시 정도 600주년기념관(1994년)〉 등에서 적용되었다.

〈아셈컨벤션센터〉에서는 유리를 실링재로 내측 지지틀에 접착시켜 유지하는 SSG(Structural Sealant Glazing) 공법과, 강화유리판의 네 구석에 구멍을 뚫어 특수 가공한 시스템 볼트를 삽입하여 유리를 고정하는 DPG(Dot Point Glazing) 공법을 사용하여 유리 공사를 수행하였다.

↖ 굿모닝증권사옥
↗ 포스코센터 유리 공사(저층부 유리공사)
↓ 아셈컨벤션센터 유리디테일

③ALC(Autoclaved Lightweight Concrete) 공법

ALC는 발포제를 이용하여 중량을 가볍게 한 경량 기포콘크리트의 일종이다. 국내에는 1970년 후반에 도입된 이래, 1990년대 대량생산체제를 갖추면서 사용이 급증하였다. ALC 공법은 고층화를 위한 경량 자재 개발의 필요성과 정부의 「주택 200만 호 건설정책」 등 복합적인 요인에 힘입어 사용이 확산되었다. ALC 공법은 공사 유형에 따라 차이가 있는데, 우선 아파트 건설에서는 골조의 시공 오차에 대한 처리가 어려워, 패널공법보다는 블록 설치방법을 응용한 사례가 대부분이다. 상업용 시설에서는 상가, 백화점, 터미널 및 회사 사옥, 청사, 은행 등의 준상업용 건축물의 내벽에 주로 ALC 블록이 적용되었다. 공장 및 창고시설에서는 내·외벽은 물론 바닥과 지붕, 방화벽에 주로 패널이 적용되었다. 동시에 ALC 패널과 유사한 기능을 지닌 파스템 패널, 아코텍 판넬 등의 사용도 확대되었다.

## 2.4 특수구조공사 공법

①막구조 공법

1988년 올림픽 체조경기장과 펜싱경기장 건설공사에서 케이블 돔 방식의 막구조 공법이 적용된 이후, 〈강촌휴게소(1991년)〉에서는 철골구조와 천막구조를 복합하여 실리콘코팅 유리섬유막이 사용되었고, 경기도 수원 〈야외음악당(1995년)〉에서는 케이블네트방식의 막구조를 시공하였다. 〈서울시 정도 600주년기념관(1994년)〉은 경량골조 막구조 형태로 건립되었다.

②돔구조 공법

케이블 돔은 공기막을 보완한 돔형태로서 대공간 구조에 활용되었다. 〈부산 아시아드 주경기장〉은 케이블 돔구조 공법을 적용하여, 직경 256m의 돔 지붕을 설치하였으며 지붕 중앙의 직경 126m 부분은 개폐가 가능하도록 하였다. 여기에 적용된 인장 케이블 막구조는 유리섬유를 소재로 사용함으로써 기존의 강재나 콘크리트에 비해 자체 하중과 공사비를 획기적으로 절감할 수 있는 경제적이면서 첨단기술을 요하는 공법이다.

↖ 아코텍 판넬 시공 모습
↗ 서울시 정도 600주년기념관
↓ 부산 아시아드 주경기장

③스페이스 프레임 공법

스페이스 프레임은 트러스 구조의 일종으로 대공간을 소단면의 부재로 설계한 구조 공법이다. 1970년대 말 메로(mero) 공법을 적용한 이후 1980년대 말부터 국내에서 이 구조에 대한 전용 프로그램을 개발하여 선진국과 동등한 기술 수준의 시공이 가능하게 되었다. 자유로운 3차원 곡면의 생성과 100% 공장 제작으로 현장공기단축 및 품질확보가 가능하여 체육관, 시험소, 공항청사를 비롯하여 다중이용시설물로 확대되었다. 〈대전 엑스포 선경관〉, 〈국제A관〉, 〈자연생명관(1993년)〉, 〈군산 학생종합회관(1993년)〉, 〈용평 실내빙상경기장(1998년)〉, 〈양산 시민체육관(2000년)〉 등이 스페이스 프레임 공법으로 시공되었고, 2000년에 개장된 〈창원 경륜장〉은 가로 160m, 세로 110.2m의 대공간을 스페이스 프레임으로 건설하였다.

④아치구조 공법

각종 기념관 건립공사에 콘크리트 또는 강재를 이용한 아치구조가 일반화되었고, 특히 강재 및 케이블에 의한 아치구조가 널리 활용되었다. 1993년 대전 엑스포를 위해 건설한 〈엑스포 정부관〉은 전시장의 주 프레임을 기둥이 없는 아치구조로 시공하였다.

⑤리프트업(Lift-Up)공법

리프트 업 공법은 장스팬 구조물 또는 중량 구조물을 지상에서 조립하여 미리 시공한 본기둥 또는 가설기둥을 반력기둥으로 하여 소정의 위치까지 유압잭 등을 이용하여 양중 · 설치하는 공법이다. 국내 건축구조물로는 김포 대한항공 빌딩의 정비고 지붕공사에 최초로 적용하였다. 이후 인천국제공항 여객청사와 인천국제공항 항공기 정비시설에서도 활용하였다. 1999년에 완공된 〈삼성생명 종로빌딩〉에서도 2차에 걸쳐 톱 클라우드(top-cloud) 부분 공사에 리프트업 공법을 적용하였다.

↑ 창원 경륜장
↙ 대전 엑스포 정부관
↘ 삼성생명 종로빌딩

## 2.5 기타 공사 공법

①해체 공법

구조물의 해체 공법에는 유압식 해체, 브레이커나 강구에 의한 기계식 해체, 커터를 이용한 연삭식 해체, 팽창력식 해체 및 발파 해체 등의 화약 해체, 분사파쇄식 해체, 화염식 해체 등 약 20여 개의 공법이 있으며, 대개 2~3종류의 공법을 조합한 형태로 작업이 진행된다. 1995년 조선총독부건물 철거 공사의 경우에 첨탑 제거는 다이아몬드 와이어소우(Diamond Wire Saw, DWS)를 이용한 연삭식 공법으로 진행되었고, 건물의 해체는 압쇄기를 이용한 기계식 공법으로 철거되었다.

발파 해체 공법이 적용된 대표적인 건물로서는 남산 외인아파트 해체 공사(1994년)와 라이프빌딩 해체 공사(1994년)가 있는데, 남산 외인아파트의 경우 국내에서 수행된 발파 해체 공사로서는 최대 규모로서 점진붕괴 공법과 단축붕괴 공법을 혼합 적용하였다.

②환경을 고려한 공법

건설 산업은 작업의 특성상 자연을 변화시키고 생태계 등의 환경에 영향을

← 조선총독부건물 첨탑 해체
→ 남산 외인아파트 철거

미칠 수 있으며, 소음. 진동, 분진 등으로 건설 현장 주변에 민원을 야기하기도 한다. 1990년대는 이러한 건설의 문제점을 해결하기 위한 노력이 가속화되었다. 국제기구를 중심으로 건설 산업의 환경규제를 강화하는 추세가 형성되었으며, 국내에서는 1996년 3월에 발표한 「환경공동체 건설을 위한 5개 원칙과 7대 기본 시책」에 근거하여 환경 규제를 시행하고 있다. 이에 따라 건설 분야에서는 에너지 절약형 공정, 건설폐기물 관리, 대기오염 억제형 공법, 수질오염 억제형 공법, 소음진동 억제형 공법 등을 개발하여 건설 현장에 적용하고 있다.

**참고문헌**


- 건축문화의 해 조직위원회, 국립현대미술관, 한국건축 100년, 피아, 1999.
- 건축세계, 2000 SEOUL ASEM & CONVENTION CENTER, 건축세계, 2000.
- 김광만 외, 튼튼하고 아름다운 건축시공이야기, (주)건설기술네트워크, 2002.
- 대림산업(주), 대림60년사, 대림산업(주), 1999.
- 대림산업(주), 대림아크로타운 건설기록지, 대림산업(주), 1999.
- 대한건축학회 편, 건축시공, 대한건축학회, 2003.
- 대한건축학회 편, 한국건축 50년 도전, 대한건축학회, 1996.
- 신현식 외, 건축시공학, 문운당, 2002.
- 이교선 외, 건설기술백서, 건설교통부, 1999.
- 이교선 외, 건설기술 수준지표 개발 및 기술경쟁력 강화방안, 건설교통부, 1999.
- 정상진 외, 건축시공 신기술공법, 기문당, 2002.
- 정신교, “도곡동 아크로빌”, 초고층 건축 거푸집 시스템 국제세미나, 1999.
- 주택문화사, 스틸스터드를 이용한 스틸하우스 II, 도서출판 주택문화사, 2001.
- 최산호 외, 신기술 · 신공법 건축시공학, 도서출판 서우, 2003.
- 코오롱 건설(주), 튼튼하고 아름다운 건축시공이야기 III, (주)건설기술네트워크, 2003.

# | 3장 | 해외건설

**박승순** | 현대건설, 건축사업본부(해외) 부장

## 1. 개관

### 1.1 서론

1990년대 들어 회복기에 들어선 해외건설은 1997년 140억 달러의 역대 최고 수주를 달성하여 어려운 우리 경제에 효자 노릇을 하였다. 하지만 1997년 말 IMF 사태로 인하여 발생한 외환위기와 대기업의 연쇄 부도 등으로 우리 기업의 대외신인도가 하락하고, 우리의 주력 시장인 동남아시아 건설시장이 대폭 위축되면서 전반적인 해외건설 수주경쟁이 악화되는 시기이기도 하였다.

우리나라의 해외건설은 1970~1980년대의 중동 일변도에서 중동 특수가 감소하면서 1990년대 초부터 대응 시장으로 부상한 동남아 지역을 중심으로 시장다변화를 추구해 왔다. 한편, UR 타결과 WTO 체제의 출범으로 건설시장 개방이 확대되면서 선진국 시장의 진입 장벽이 완화되어 미국, 일본 등 선진국 건설시장의 참여 기회가 증대되고 있었으며, 시장 경제가 급속히 진행되고 있는 구 공산권 지역의 진출도 1990년대 초부터 활발히 추진되어 왔고, 일부 업체를 중심으로 중남미 및 아프리카 시장 진출도 계속적으로 추진하고 있는 등 당시 진출 국가 수는 약 70여 개국에 이르고 있었다(단, 주력시장은 거의 모든 업체들에 있어 중복되고 있었음).

NEW NIES 그룹으로 일컬어지는 동남아 각국의 괄목할만한 경제 성장을 바탕으로 급속히 성장하던 동남아 시장이 1997년의 아시아 외환위기 이후 급속히 냉각되면서 새로운 대체 시장을 발굴하기 위한 노력이 건설업계 전반적으로 진행되었으며, 1997년 한 해 동안 새로운 4개국에 진출하는 등 1990년대 들어 약 20여 개국에 신규 진출하였다.

새로운 대체 시장은 정치적 불안 요소가 있긴 하나 막대한 시장 잠재력을 갖고 있는 서남아시아(인도, 파키스탄, 베트남, 미얀마)와 시장경제화를 활발히 추진하고 있는 중동부 유럽(독립국가연합(CIS), 폴란드, 루마니아 등), 막대한 자원을 가지고 있는 중남미, 아프리카 등 지리적으로 원격지인 시장으로의 진출이 추진되었다.

### 1.2 IMF 사태로 인한 위기

1997년도 IMF 사태 이후 외환위기와 대기업의 연쇄 부도 등으로 우리 기업의 대외신인도가 하락하고 또 우리의 주력 시장인 동남아시아 건설시장이 대폭 위축되어 전반적인 해외건설 수주 경쟁 여건이 악화되었다.

해외건설 수주의 약 30~40%를 차지하였던 동남아 시장, 특히 인도네시아와 태국 외환위기의 영향으로 수주 실적은 심각한 타격을 입었다. 1998년 수주 실적을 보면 40억5천5백만 달러로 전년 동기 대비 약 28% 수준으로 격감하였다. 또한 이들 국가에서는 1997년 이전에 수주한 공사도 사업 중단 또는 공사 지연 등의 사례가 빈번히 발생하고, 또 현지화 베이스로 계약된 경우(동남아 총 계약액의 40%) 환차손의 이중고를 겪기도 하였으며, 특히 인도네시아의 경우 민간 부문은 모라토리엄 상태여서 공사의 감소 외에 민간공사 미수금 6,500만 달러의 수령이 지연되기도 하였다.

해외건설과 관련된 각종 보증 발급이 부진하고 보증수수료도 크게 상승하여, 해외건설 관련 각종 금융 문제를 관장하던 주거래 은행들이 위험 자산으로 분류되는 보험 발급을 기피하거나 중단하였고, IMF이전에는 0.3~0.5%였던 보증수수료가 IMF 이후에는 엄격해진 요건, 외국계 은행의 이용, 이중보증 요구 등의 이유로 1.0~3.0%로 급상승하였다. 산업은행과 수출입은행 등의 국책은행이 보증 발급을 시작하였지만, 1998년 4월 현황을 보면 보증 발급 건수가 5건, 3억5천5백만 달러에 불과하였고 까다로운 발급 심사와 절차로 업계의 애로가 계속되었다.

또한 해외 금융 조달에 어려움이 많아, 시공자 측의 금융 조달이 요구되는 모든 개발형 공사의 신규 수주는 극심한 어려움에 처하게 되었고, 이미 추진 중인 투자개발형 공사의 경우에는 사업의 중도 매각이나 합의 포기 혹은 공사 일정의 조정 등이 행해졌다.

# 2. 건설업체 동향

## 2.1 해외건설업 진출의 저변 확대

1994년도에 해외건설업이 면허제에서 등록제로 변경된 이후 전문 건설업도 "해외건설업"을 할 수 있도록 문호가 개방되자 등록업체가 연평균 10% 정도의 증가세를 보였다. 이에 따라, 1996년 12월 등록업체 현황을 보면 전체 업체 중 78.8%를 중소건설업체가 점유하고 있다.

이와 같이 중소기업의 신규 업체수가 큰 폭의 증가세를 나타내고 있는 것은 1980년대 중반 이후 침체기를 보이고 있던 해외건설 산업이 1990년대 들어와 회복기를 맞이하고 있었으며, 세계 경제의 국제화, 개방화에 편승한 기대 상승 요인이 크게 작용한 것으로 보여진다. 이러한 건설업체들의 해외 진출 증가 추세는 1997년까지 지속되었다.

아울러, 당시의 등록업체 중 실제 해외에 진출하고 있는 건설업체의 수도 매년 평균 5~7개씩 증가하고 있는 것으로 나타나고 있는데, 1993년에는 46개국에 65개사가 진출하였고, 1997년에는 52개국에 97개사가 진출하여 공사를 수행하였으며, 특히 오성전기, 동아지질, 동성건설, 월드건설 등 전문 건설업체와 중견 건설업체들의 해외 진출이 활발해지는 등, 전반적으로 해외건설 진출의 저변이 확대되어 가고 있었다.

〈표 1〉 1993 ~ 1997년 업체의 해외진출 추이

| 구분 | 1993 | 1994 | 1995 | 1996 | 1997 |
|---|---|---|---|---|---|
| 등록업체수(A) | 226 | 298 | 366 | 396 | 426 |
| 중소업체수(B) | 153 | - | 283 | 312 | - |
| B/A(%) | 67.7 | - | 87.3 | 78.8 | - |
| 진출국가수 | 46 | 45 | 46 | 44 | 52 |
| 진출업체수 | 65 | 77 | 81 | 91 | 96 |

자료 : 해외건설협회, 해외건설종합정보서비스(http://www.icak.or.kr)

이는 또한 각 나라의 인프라 개발 및 세계 건설시장의 개방으로 인하여 해외건설업이 더욱 활발해지고 있음을 동시에 알 수 있었다.

## 2.2 수주시장의 다변화

건설업체 및 정부의 다각적인 노력에 힘입어 수주시장의 다변화가 이루어졌다. 1970~1980년대에는 해외건설업 진출이 중동지역에 집중되었으나, 1990년대에 들어서면서 중동지역의 경기 침체로 동남아 지역이 주력 시장으로 부상하였다.

그러는 가운데 1990년대 초반에 역점을 두었던 북방정책에 힘입어 중국, 러시아, 동유럽 등 구 사회주의 국가로의 진출이 시작되었으며, 1997년에는 현대건설이 튀니지 스포츠센터 공사를 수주하였고, 경남기업이 에티오피아에서 아디스아바바 비행장 건설공사를 수주하였으며, (주)보성이 자메이카에서 고속도로 확장공사를 수주하는 등 시장다변화 노력의 성과가 계속되었다.

〈표 2〉 1997년 최초의 진출국가 (단위 : 천 달러)

| 국가 | 업체 | 공사명 | 금액 |
|---|---|---|---|
| 튀니지 | 현대건설 | 튀니지 스포츠센터 건립공사 | 107,306 |
| 폴란드 | 대우건설 | DW-FSO 자동차공장 증설 공사<br>폴란드 자동차페인트 공장<br>바르샤바 대우센터 건립 공사 | 404,000<br>382,857<br>104,275 |
| 에티오피아 | 경남기업 | 아디스아바바 공항 1단계 공사 | 27,487 |
| 자메이카 | 보성주택 | 북부연안고속도로 공사 | 24,998 |

자료 : 해외건설협회, 해외건설종합정보서비스(http://www.icak.or.kr)

## 2.3 개발형 공사의 참여 확대

1990년대 들어 개발형 공사의 비중이 계속 증가하였다. 개발형 공사라는 것은 초기에는 토지를 구입 · 개발하여 판매하거나 임대하는 사업을 말했으나, 차츰 부동산개발은 물론이고 더 나아가 금융을 제공하여 프로젝트를 개발하고 추진하는 공사와 먼저 건설해 주고 운영한 후 이전하는 BOT 방식의 개발형 공사까지 의미가 확대되어 사용하게 되었다.

1994년에는 이러한 개발형 공사가 15건, 9억2천5백만 달러, 1995년에는 31건, 15억2천5백만 달러, 1996년에는 35건, 33억5천8백달러였으며, 1997년에는 20건, 28억천만 달러로 전체 수주액 140억 3천2백만 달러의 20%를 차지하였다.

대표적인 개발형 공사를 보면, 현대 건설의 인도 안파라 석탄화력발전소, 대우건설의 상해 대우센터 건설공사, 상해 용우성아파트 공사, 태국의 아소크상가·사무실 개발공사를 들 수 있으며, 동아건설이 캐나다에 건설한 크리스탈스퀘어 개발사업, 미국의 쓰리시스터즈리조트 개발공사, 오타이랜치 택지개발사업 등이 있다.

〈표 3〉 수주 형태별 계약 현황 (1997년도) (단위 : 백만 달러)

| 공종 | 도급 공사 | | | 투자개발형 공사 | | | 계 |
|---|---|---|---|---|---|---|---|
| | 외주 공사 | 계열기업 공사 | 소계 | 부동산 개발 | BOT 공사 | 소계 | |
| 계 | 8,023 | 3,199 | 11,222 | 1,985 | 825 | 2,810 | 14,032 |
| 토목 | 2,577 | 5 | 2,582 | 117 | | 117 | 2,699 |
| 건축 | 1,826 | 2,448 | 4,274 | 1,868 | | 1,868 | 6,412 |
| 특수 | 3,283 | 741 | 4,204 | | 825 | 825 | 4,849 |
| 기타 | 337 | 5 | 342 | | | | 342 |

자료 : 해외건설협회, 해외건설종합정보서비스(http://www.icak.or.kr)

## 2.4 IMF 이후의 건설업계

IMF 이후 중소 건설업체들의 부도가 이어지는 가운데 법정관리, 유동성 위기 등 대형 건설업체들도 IMF의 후유증에 직면하게 되었다. 또한 2000년 11월 초 기준으로 업계 100위 이내의 중견 업체들 중 38개사가 워크아웃, 법정관리 및 청산절차에 들어가게 되었다.

이와 같이 IMF 이후 대형 업체들의 유동성 자금부족과 퇴출 등은 해외공사 수주 격감으로 이어졌으며, 해외 수주 규모는 38억6천만 달러(2000년 10월 기준)로 1997년의 4분의1 수준으로 떨어졌다. 대우, 동아, 경남기업, 쌍용 등 주요 해외 건설업체들이 워크아웃에 들어가 신인도가 낮아지고 지급 보증도 어려워졌다.

## 2.5 연도별 상위 10개사 해외공사 수주 현황

**〈표 4〉 연도별 상위 10개사 해외공사 수주 현황** (90년대 상반기) (단위 : 백만 달러)

| 순위 | 1991년 | | 1992년 | | 1993년 | | 1994년 | | 1995년 | |
|---|---|---|---|---|---|---|---|---|---|---|
| | 업체명 | 실적 | 업체명 | 실적 | 업체명 | 실적 | 업체명 | 실적 | 업체명 | 실적 |
| 1 | 대우건설 | 1,025 | 현대건설 | 1,135 | 현대건설 | 1,307 | 현대건설 | 1,746 | 현대건설 | 1,837 |
| 2 | 현대건설 | 667 | 대우건설 | 353 | 동아건설 | 1,192 | 대우건설 | 813 | 대우건설 | 1,771 |
| 3 | 쌍용건설 | 300 | 쌍용건설 | 302 | 대우건설 | 628 | 대림산업 | 747 | 동아건설 | 892 |
| 4 | 신화건설 | 267 | 삼성물산 | 236 | 삼성물산 | 521 | 동아건설 | 593 | 쌍용건설 | 684 |
| 5 | 한진중 | 233 | LG건설 | 179 | 현대중 | 308 | 진로건설 | 561 | 삼성물산 | 651 |
| 6 | 대림산업 | 209 | 대림산업 | 111 | 한진중 | 161 | 공영토건 | 516 | 신화건설 | 398 |
| 7 | SK | 92 | 신성건설 | 84 | 울트라건설 | 143 | 삼성물산 | 507 | LG건설 | 352 |
| 8 | 삼성물산 | 85 | 한진중 | 74 | 장복건설 | 128 | 쌍용건설 | 321 | 대림산업 | 332 |
| 9 | 극동 | 39 | 신화건설 | 69 | LG기공 | 89 | 한진중 | 248 | 울트라건설 | 247 |
| 10 | 경남기업 | 33 | 한보건설 | 63 | SK건설 | 83 | 두산중 | 199 | 극동건설 | 128 |

자료: 해외건설협회, 해외건설종합정보서비스(http://www.icak.or.kr)

〈표 5〉 연도별 상위 10개사 해외공사 수주 현황(90년대 하반기) (단위 : 백만 달러)

| 순위 | 1996년 | | 1997년 | | 1998년 | | 1999년 | | 2000년 | |
|---|---|---|---|---|---|---|---|---|---|---|
| | 업체명 | 실적 | 업체명 | 실적 | 업체명 | 실적 | 업체명 | 실적 | 업체명 | 실적 |
| 1 | 현대건설 | 3,558 | 현대건설 | 3,952 | 현대건설 | 1,320 | 현대건설 | 4,151 | 현대건설 | 2,539 |
| 2 | 대우건설 | 2,620 | 대우건설 | 3,576 | 삼성물산 | 737 | SK건설 | 988 | 삼성물산 | 681 |
| 3 | 동아건설 | 1,038 | SK건설 | 1,593 | 대우건설 | 704 | 대우건설 | 890 | 두산중 | 649 |
| 4 | 삼성물산 | 846 | 동아건설 | 864 | SK건설 | 224 | 삼성물산 | 694 | 대우건설 | 411 |
| 5 | 쌍용건설 | 629 | 삼성물산 | 826 | LG건설 | 198 | 두산중 | 596 | 신화건설 | 159 |
| 6 | 두산중 | 258 | 쌍용건설 | 727 | 대림산업 | 164 | 현대중 | 337 | 삼성ENG. | 149 |
| 7 | SK건설 | 250 | LG건설 | 320 | 삼성ENG. | 82 | 쌍용건설 | 229 | 대림산업 | 138 |
| 8 | 대림산업 | 238 | 한진중 | 257 | 경남기업 | 72 | 동아건설 | 192 | 쌍용건설 | 106 |
| 9 | 청구 | 159 | 포스코건설 | 244 | 한진중 | 71 | LG건설 | 188 | 동아건설 | 100 |
| 10 | LG건설 | 134 | 대림산업 | 224 | 신화건설 | 71 | 신화건설 | 167 | SK건설 | 97 |

자료: 해외건설협회, 해외건설종합정보서비스(http://www.icak.or.kr)

↖ 싱가포르, Suntec City, 현대건설, 1997
↗ 파키스탄, 라호르 이슬라아바드 도로공사, 대우건설, 1997
← 태국, ATC Map Ta Phut Aromatics Reformer Project, SK건설, 1997
→ 말레이시아, 멜라카정유공장 해상 젯티공사, 현대건설, 1994
↙ 말레이시아, Petronas Tower, 삼성물산, 1997
↘ 싱가포르, KK Hospital, 쌍용건설, 1997

# 3. 해외건설 관련 정책

## 3.1 해외건설촉진법의 개정(1994년1월)

(구)건설부 해외협력과에서는 해외 진출에 따른 규제를 완화하여 우리 업체의 자유로운 해외 진출 여건을 조성하고, 건설업에 대한 실질적인 지원 및 관리 체제를 구축하여 해외건설을 전략적 차원에서 육성하고자 1993년 8월 5일「해외건설촉진법」을 개정하였다.

이어서 법 개정에 따른 시행령, 시행규칙의 개정을 완료하여 1994년 1월 1일부터 새로운 법령을 시행하였다.

**〈표 6〉 해외건설촉진법 개정의 주요 내용**

| 구분 | 주요내용 |
|---|---|
| 1. 해외건설업의 면허제를 등록제로 전환 | 예전에는 해외건설시장의 전망과 수주 현황 등을 감안하여 해외건설업의 면허 시기를 조정하거나 면허 자체를 제한할 수 있었던 것을 자격을 보유한 모든 업체는 언제든지 해외진출을 등록할 수 있도록 등록 시기를 자율화하였다. |
| 2. 해외공사의 도급 한도액제 폐지 | 업체 스스로 시공 능력을 판단하여 해외 공사에 참여할 수 있도록 하였다. |
| 3. 도급허가제를 해외공사수행계획 신고제로 완화 | 해외 공사를 도급 받고자 하는 자는 건설부(현 건교부)장관의 허가를 받도록 되어 있는 도급허가제를 해외공사수행계획 신고제로 완화하였다. |
| 4. 해외건설업자의 자체 개발 사업을 해외공사 범위에 포함 | 해외에서 도급을 받는 공사 이외에 해외건설업자의 자체 개발 사업 등 우리 업체가 실제로 해외에서 시행하는 모든 공사를 해외 공사의 범위에 포함시켰다. |
| 5. 지방공기업도 해외건설 참여 가능 | 정부투자기관 이외에 지방공기업법에 의한 지방공기업도 해외건설업의 등록을 하지 않고 해외건설에 참여할 수 있도록 하였다. |
| 6. 방지시설업에 등록한 업체도 해외건설업 등록 범위에 포함 | 해외건설업의 등록을 할 수 있는 자의 범위에 소음, 진동규제법, 수질환경보전법 및 대기환경보전법에 의하여 방지시설업의 등록을 한 업체를 추가하였다. |
| 7. 청문절차규정 신설 | 등록취소, 영업정지 등의 불이익 처분을 하고자 할 경우에 미리 당사자의 의견을 듣도록 하는 청문절차규정을 신설하여 국민의 권익을 보호하도록 하였다. |

## 3.2 외환관리규정의 개정

해외건설은 해외에서 공사가 이루어지므로 외국환제도, 수출입 관련제도 등과 밀접한 관련이 있다. 특히 시공자 금융조달공사가 늘어나는 추세에서 건설업체의 저금리자금조달 능력이 경쟁력의 주요 관건이 되고 있어 건설교통부는 관계부처 협의를 통한 외환관련규제의 완화를 지속적으로 추진하였다.

〈표 7〉 해외건설 관련 규제의 완화 실적

| 구분 | 개선 내용 | | 관련 법규 | 개선 시기 |
|---|---|---|---|---|
| | 종전 | 개선 | | |
| 외국환관리 제도 | 외화자금 보유 한도 100만 달러 이내로 제한 | 300만 달러까지 보유 한도 확대 | 외국환 관리규정 | 1996.6 |
| | 주거래은행의 해외공사계약 인증 | 인증제 폐지 | | 1996.6 |
| | 공사대금의 국내 송금 의무화 | 의무 폐지 | | 1996.6 |
| | 해외건설업자의 현지합작법인 설립 시 우리측 지분 의무비율(20%) 폐지 | 시공권 확보를 위한 경우 지분의무비율 적용 배제 | | 1997.8 |
| | 부동산 관련 해외투자 시 신고창구를 한국은행으로 제한 | 신고창구를 시중은행으로 다변화 | | 1997.8 |
| | 1천만 달러 이상 해외투자 시 한국은행 총재 허가 | 5천만 달러 이하는 한국은행 총재 신고로 완화 | | 1995.1 |
| | 5천만 달러 초과 해외투자 시 한국은행 총재 허가 | 투자 액수에 관계없이 모든 해외투자 시중은행 신고로 전환 | | 1997.8 |
| 해외투자 및 해외부동산 개발제도 | 골프장 등 레저용 해외부동산 개발 제한 | 해외건설업자에게 개발 허용 | 해외직접 투자지침 | 1995.1 |
| | 부동산 관련 사업에 대한 해외투자 제한 | 폐지 | | 1996.6 |
| | 해외건설업자의 부동산개발사업 시 자금 지원 불허 | 현지 금융 및 지급 보증 허용 | | 1996.6 |
| | 해외투자액의 일정 비율에 대한 자기 자금 조달 의무 부과<br>- 1억 달러 이하는 10%<br>- 1억 달러 초과분부터는 20% | 폐지 | | 1997.8 |

| | | | | |
|---|---|---|---|---|
| 연불금융 제도 | 융자 시 담보 요건으로 신용장, 지급보증서, 어음, 연대보증인만을 인정 | 건설공제조합의 보증도 담보로 인정 | 수출입은행 자금 지원 지침 | 1995.3 |
| | 융자대상금액을 국내 소요 자금에 한정 | 해외 소요 자금도 지원 | | 1995.1 |
| | 융자대상자를 수출자, 해외건설업자로 한정 | 발주자도 자금 융자 | | 1995.1 |
| EDCF지원 제도 개선 | 차관지원금리(연2% 이상) | 연1% 이상으로 인하 | 기금관리 운용규정 | 1996.4 |
| | 차관상환기간(25년 이내) | 30년 이내로 연장 | | 1996.4 |
| | 건당 지원 금액(3천만 달러 이하) | 5천만 달러로 확대 | 97기금 운용계획 | 1997.1 |
| | 용역 등 엔지니어링 분야는 지원에 불포함 | 엔지니어링 분야도 지원 | 대외경제협력 기금법 시행령 | 1997.7 |
| 수출보험 제도 | 보험 사고 후 보험지급기간(6개월) | 3개월 이내로 단축 | 수출보험 공사약관 | 1997.6 |
| | 원화표시 보험만 허용 | 외화표시보험도 허용 | | 1997.6 |
| 특정 국가 여행 제한 | 라오스 등 미수교 국가여행 시 외무부장관의 허가가 필요하며 허가 유효기간은 1년으로 제한되어 있어 수주활동의 장애가 됨 | 여행허가제를 신고제로 완화 | 외무부지침 | 1995.9 |
| 외국인기술자 국내연수허용 | 해외건설 현장에 활용하고자 하는 외국인 기술자의 국내연수 허용 | 건교부장관의 추천 시 입국사증 발급 | 법무부지침 | 1996.3 |
| 중고장비 반입 허용 | 해외건설 현장에서 사용한 중고장비의 국내 반입 불허 | 대한건설기계협회장의 확인을 거쳐 국내 반입 허용 | 수출입 별도 공고 | 1997.4 |
| 무환반 출입 확인제도 | 무환반 출입 확인기간 단축 | 신청 즉시 확인 처리 | 해외건설협회 내부 세칙 | 1995.4 |

## 3.3 해외건설 지원제도의 지속 추진

### 3.3.1 공적지원제도(Official Development Aids, ODA)

공적지원제도란 정부 차원에서 개도국에 지원하는 각종 공적 개발 원조를 의미하는 것으로 원조 자금을 상환 받지 않는 무상원조와 일정 기간 후 자금을 상환 받는 유상원조를 말한다. 공적지원제도 사업은 우리나라의 경제 규모가 커지고 선발개도국으로서의 국제적인 지위가 상승함에 따라 후발개도국을 지원해야 할 국제적인 요구에 부응해야 하는 측면과 개도국에 대한 지원으로 우리 업체의 개도국시장 진출 기반 조성에 기여하는 기능을 하고 있다. 건설교통부 관련 공적지원제도는 무상원조로 한국국제협력단(KOICA)과 (구)건설부의 무상기술용역제공(TA)사업과 유상원조로 대외경제협력기금(EDCF) 사업 등이 있다

① 한국국제협력단(KOICA) 사업

개도국 협력사업을 효율적으로 수행하기 위해 각 기관별로 실시하던 개발원조사업을 통폐합하여 91년 4월부터 외무부 산하의 한국국제협력단에서 전담하도록 하였다. 한국국제협력단의 주요 사업은 기술협력사업(개도국 연수생 초청 및 전문가 파견), 인력협력사업(청년해외봉사단, 의료단, 태권도 사범 파견), 개발협력사업(기자재 공여, 재난구호), 개발조사사업(개발조사사업 발굴 및 실시, 용역 계약) 등이 있으며, 이 중 해외건설과 연계될 수 있는 것은 기술협력사업 중의 개도국 연수생 초청사업과 개발조사사업이다.

② 대외경제협력기금(EDCF)

개도국 발전 및 우리나라 업체의 수출 촉진을 위해 개도국 정부에 원조 성격이 강한 장기저리의 차관 자금을 제공하는 사업으로 1987년에서 1997년까지 11,288억 원의 기금을 조성하여 25개국 78개 사업에 9,166억 원 지원이 결정되고 그중 2,616억 원이 집행되었으며, 이중 9개국 10개 사업(165억5천5백만 달러)을 우리 해외건설업체가 수주하였다.

### 3.3.2 활발한 초청 및 방문 외교의 전개

WTO 체제의 출범과 정부 조달 협정의 발효 등으로 해외건설시장에서 자유무역질서가 확립되고 있어 정부가 지원할 수 있는 여지가 줄어들고 있다. 그러나 개도국 및 제3국의 공공 공사수주를 위해서는 정부의 지원이 무엇보다 중요하며 해외건설업체의 진출 장애 또한 정부 간 협의를 통해서만 해결이 가능하므로 해외건설활성화와 시장다변화를 위해 정부는 적극적인 외교 노력을 하였다.

**〈표 8〉 대외경제협력기금 지원 해외건설 공사** (단위 : 백만 달러)

| 연도 | 국가 | 사업명 | 지원액 | 수주액 | 업체 |
|---|---|---|---|---|---|
| 1987 | 인도네시아 | 파당시우회도로건설 | 13.5 | 13.0 | 극동건설 |
| 1990 | 가나 | 정유저장소 건설 | 13.0 | 12.2 | 삼성, 현대 |
| 1990 | 스리랑카 | 도로 개보수 | 14.5 | 13.1 | 경남기업 |
| 1991 | 요르단 | 폐수처리시설 | 10.0 | 1.45 | 현대엔지니어링(감리) |
| 1992 | 케냐 | 기술훈련소 설립 | 14.4 | 14.4 | (주)대우 |
| 1992 | 몽골 | 주사기공장 건설 | 5.2 | 5.1 | 삼성물산 |
| 1994 | 가나 | LPG용기제조 공장건설 | 8.0 | 8.0 | 선경, 삼성 |
| 1995 | 베트남 | 18번도로 개량 | 24.0 | 28.6 | (주)대우 |
| | | 티엔탄 상수도 | 26.0 | 26.8 | LG, 코오롱 |
| 1997 | 튀니지 | 올림픽 스타디움건설 | 30.0 | 42.9 | 현대건설 |
| 합계 | 9개국 | 10개 사업 | 158.6 | 165.55 | 9개 업체 |

과거 중동에 치우쳐 있던 우리의 고위직 방문 및 초청 외교를 경제 개발로 인해 우리의 주력 시장으로 부상한 동남아 지역으로 옮겨 추진하였으며, 우리 업체의 신규 진출 노력이 가시화되고 있는 아프리카 등지도 새로운 건설 외교 대상으로 자리매김하고 있다.

①건설경제교류회의 개최

양국 간 건설 관련 장애 해소, 건설 관련 정보의 교환 및 건설공무원들의 교류를 통한 정부 간 협력 증진을 위해 중국, 일본과 건설경제교류회의를 개최하고 있으며 영국, 러시아 등과도 건설 실무자 간의 정기회의 개최를 추진할 계획이다.

②건설협력약정

정부 간 건설 분야의 협력 증진을 위해 1978년부터 대만(1978), 핀란드(1991), 헝가리(1991) 등과 건설 협력 약정을 체결하였으며, 1993년 이후에는 중국, 베트남 및 러시아와 건설협력약정을 체결하였다. 정부는 계속하여 우리의 주력 시장인 동남아 국가들과의 교류 증진을 위해 인도네시아 등과 건설협력약정체결을 추진할 계획이다.

3.3.3 해외주재관의 활동

주재국의 건설교통관련 제도, 주재국의 건설시장 동향, 주요 프로젝트의 입찰 정보 등에 관한 자료 수집 및 건설교통 분야의 협력사업 발굴 및 추진을 위해 중국, 리비아 등 11개국에 11명의 건설교통주재관을 상주시키고 있다.

### 3.3.4 해외건설 종합정보 서비스의 개시

장시간이 소요되는 해외건설공사 입찰 준비에는 얼마나 적기에 공사 정보를 입수하느냐가 해외건설수주 경쟁에 중요하므로 정부는 해외건설 관련 정보의 데이터베이스화를 통한 신속한 정보 제공 및 관련기관 간 정보공유로 해외건설업체의 수주 증대 및 신규 시장 개척에 도움을 주고자 해외건설협회에 해외건설 종합정보 서비스망을 구축하였다.

# 4. 해외건설 추이

## 4.1 연도별 추이

1990년대 우리나라의 건설시장은 초반부에는 자산 유동화로 인하여 건설경기가 활성화되었으나 후반부에 들어서면서 IMF와 버블 붕괴로 인한 건설경기가 위축되는 양극화 경향을 보였다.

1990년대 초 국내시장은 주택 200만 호 건설을 내세운 수도권 5개 신도시(분당, 일산, 평촌, 산본, 중동)에서의 대규모 택지개발추진과 1996년에는 국민소득 1만 달러 시대 돌입에 의한 소득 증대 등의 영향으로 활성화되었다. 이러한 부동산 시장의 활성화 및 유동성 자금은 해외건설에도 많은 영향을 미쳤다. 1996년에는 108억 달러 수주에 이어 1997년에는 아시아시장에서의 선전으로 141억 달러의 실적을 기록하였다. 이는 전체 해외건설시장의 5%에 해당되는 실적이다. 그러나 1997년 11월 IMF 구제금융 요청과 부동산 버블 붕괴의 영향으로 해외건설 수주 실적도 급감하기 시작했다.

#### 4.1.1 1990년대 초반에서 외환위기 이전 시기(1990~1997년 중반)

해외건설은 1960년대 중반 이후부터 외환위기 이전까지의 지난 35년간 수출 한국의 위상 강화와 국가 경제 부흥에 크게 기여해왔다. 해외건설은 현재까지 모두 4천5백여 건 이상, 1,800억 달러어치의 공사를 따내면서 연인원 3백만 명의 고용 창출과 270억 달러의 국산 기자재 수출 효과를 올리는 우리 경제 성장의 견인차 역할을 하였다. 또한, 우리나라의 업체들이 건설한 도로 및 건축물 등 수많은 구조물들은 우리나라를 알리는 민간 외교의 역할까지 하고 있다.

1990년대 중반은 1970년대에 이은 해외건설의 중흥기로 불려졌다. 1980년대 중반 이후 유가하락으로 중동권 수주의 감소, 과다 경쟁과 덤핑 수주로 인한 업체 주실화 발생 등으로 해외건설시장은 침체기에 빠졌다. 그러나 1990년대에 들어서 대외 여건의 호조, 범정부적인 지원책 강구, 해외건설협회를 중심으로 업계의 해외 진출 의욕 고조, 싱가포르, 말레이시아, 태국 등 동남아시장의 10%에 육박하는 고도의 경제성장률 등에 힘입어 1997년에는 해외건설 사상 최고인 141억 달러의 수주고를 기록하였다.

해외건설은 1980년대에 20억 달러 내외 수준이던 수주고가 1990년대에 접어들면서 30억 달러 이상대로 증가하였다. 단, 1992년에는 해외건설 수주가 총 74건에 27억8천3백48만 달러로서 전년 동기 8.6%의 감소를 보였었다.

1993년 하반기로 들어서면서 금융실명제 실시와 금리자유화 조치 이후 건설 환경이 다시 악화되는 추세에도 불구하고 1993년의 해외건설 수주 총액은 96건에 총 51억1천6백62만 달러로 전년에 비해 무려 86%의 높은 성장률을 보였다. 1993년도에는 동서남아시아의 수주액이 전체의 50.5%를 차지하면서 한국 제1의 해외 수주 지역으로 올라섰다.

1994년에는 146건에 74억4천1백만 달러의 수주 실적을 달성하였다. 이 시기를 해외건설의 안정적인 성장기라 할 수 있다.

1995년 해외건설 수주 총액은 중동지역에서의 대폭적인 수주 감소에도 불구하고, 동남아, 유럽지역에서의 수주 증가로 전년 대비 14.3% 증가한 85억8백만 달러를 기록하였다. 더구나 아시아에서만 64억4천3백만 달러를 기록하여 전체 수주액의 75.7%를 차지하였다. 1980년대까지 한국 최대의 건설 시장이었던 중동지역에서는 전년 대비 64.5% 감소한 8억1천8백만 달러로 저조한 수주를 기록했는데, 이는 계속되는 지역 분쟁과 유가

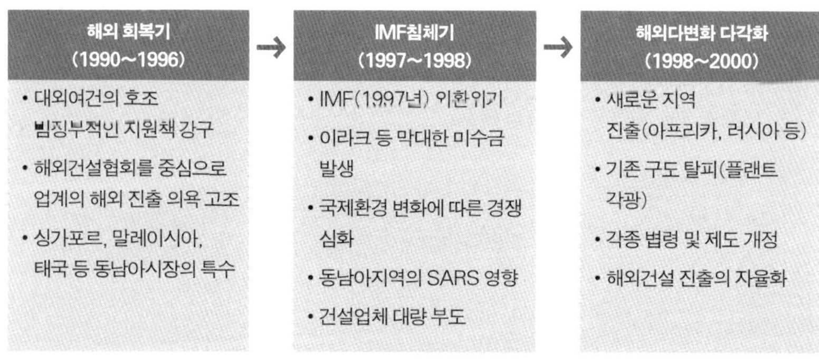


1990년대 해외건설업의 발전 과정

안정에 따른 중동 건설 경기 침체로 인해 동남아시아 시장을 주요 무대로 수주 활동에 치중한 결과였다.

1996년에는 전년 대비 26.76% 증가한 총 186건에 10억7천9백만 달러를 수주하면서 수주 100억 달러대에 돌입하였다. 이러한 수주 행진은 1997년에 피크를 이루며 총 176건에 141억 달러라는 사상 최고의 수주 기록을 세웠다.

#### 4.1.2 IMF 외환위기 시기(1997년 말)

1997년 11월 말에 불어 닥친 IMF 경제위기의 어려움, 이라크 등에서 막대한 미수금 발생, 국제환경 변화에 따른 선후진국 업체들과의 경쟁 심화 등의 애로, 동남아지역의 경기 침체의 영향 등은 해외건설 수주 실적의 부진을 가져왔다. 뿐만 아니라 각종 보증 · 보험 및 금융 조달의 실패로 인한 기업 신인도의 하락으로 새로운 수주를 하는데 어려움을 겪게 되면서 1996년까지 외화 획득에 기여하던 해외건설이 오히려 수지를 악화시키는 요인이 되었다. 1999년에는 해외 수주 규모가 38억6천만 달러로 1997년도의 4분의 1 수준에 그쳤다.

#### 4.1.3 IMF 외환위기 이후 해외건설 시장의 변화(1998년 중반 ~ 1999년 후반)

1980년대 중반 이후 지속적인 감소세를 보이던 중동시장이 1998년 이후 고유가정책이 지속되면서 플랜트 건설을 중심으로 중동 진출이 다시 활기를 띄게 되었다. 이에 중동 지역에서의 수주가 크게 증가하였는데 해외건설 총 수주액은 1998년에는 41억 달러, 1999년에는 92억 달러로 전년 대비 26%의 증가를 보였으며, 전년도 대비 57%의 높은 수주 성장에 기인하였다. 하지만 2000년도에는 다시 급감하여 중동지역 수주고가 15억5백만 달러로 전년 대비 53% 감소하였고, 전체 수주고는 54억3천3백만 달러로 전년 대비 41% 감소하여 IMF사태의 영향에서 벗어나지 못했다.

1990년대 말에는 수주 환경에도 많은 변화가 있었다. IMF 외환위기 이후 해외건설시장의 수주 환경이 가격과 기술력으로 승부를 가리는 무한 경쟁 체제로 빠르게 재편되고 있었다. IMF 외환위기에서 벗어나면서 국내 건설업체들은 지난 30년 동안 누리던 해외시장에서의 옛 영광을 되찾으려고 노력했지만 IMF의 후유증을 떨쳐버리는데 많은 어려움을 겪었다.

①각종 법령 및 제도 개정

정부는 자유로운 해외건설 사업여건 조성을 위해 「해외건설촉진법」을 비롯한 각종 법령 및 제도를 개정하여 해외진출에 따른 규제를 완화하였다.

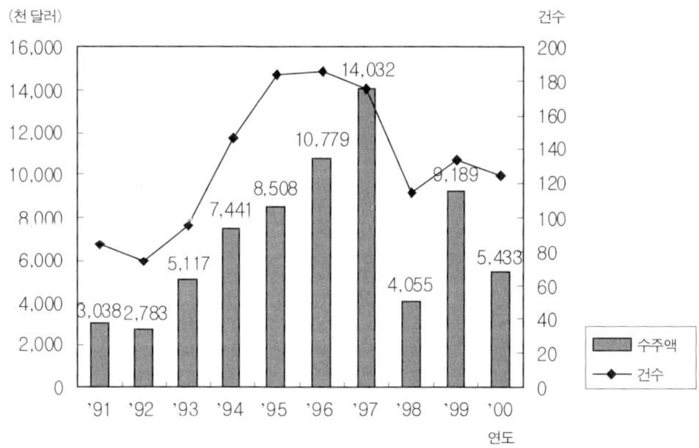


1990년대 해외건설 수주액 및 건수 추이

자료 : 해외건설협회, 해외건설종합정보서비스(http://www.icak.or.kr)

특히 해외건설업은 허가제에서 등록제로(1993년 8월), 다시 등록제를 신고제로(1999년 2월) 전환하여 일정한 자격을 보유한 업체라면 언제든지 해외건설 진출이 가능하게 하여 해외건설 활성화에 활력을 불어넣었다.

②해외건설 진출의 자율화

1994년도에 면허제에서 등록제로 변경된 이후 전문건설업체도 해외건설업을 할 수 있도록 문호가 개방되자 해외진출업체가 연평균 10% 정도의 증가세를 보였다.

③글로벌기업 속출

IMF 외환위기 이후 해외건설시장은 아프리카 및 러시아 등의 신흥 시장의 성장과 중동지역에서의 플랜트사업 증가의 영향으로 매년 성장하였다. 늘어나는 건설 물량 확보를 위해 선진국의 건설업체들은 국적을 초월한 문어발식 기업사냥으로 '글로벌 건설기업'을 탄생시키는 등 독점 체계를 갖춰나갔다. 이들은 자사에 필요한 역량을 보유한 외국기업들을 인수합병(M&A)하면서 초국적기업으로 변화하였다.

④공사 발주 방식의 변화

공사 물량이 증가하고 대형화되면서 공사 발주방식도 급변하였다. 단순 시공보다는 프로젝트의 설계·시공 등의 모든 과정을 한꺼번에 발주하는 턴키방식과 건설금융이 가미된 계약자금융조달방식 발주가 주류를 이루면서 수주 경쟁력을 평가하는 기준도 변하였다. 단순 시공 기술보다는 기획, 설계, 사업관리(CM) 등의 요소가 수주전에서 결정적 변수로 작용하기 시작하였다.

## 4.2 지역별 추이

### 4.2.1 동남아

동남아는 1990년대에 접어들면서 정치 · 외교적으로나 경제적으로 한국의 중요한 파트너 중 하나로 자리매김하였다. 경제적 측면에서 보면 동남아는 한국의 주요 교역 대상국이며, 해외투자 부문의 투자 대상 지역으로 부상하였다. 더욱이 1990년대에 들어서면서 동남아 각국이 경제성장률 10%에 육박하는 고도성장을 지속함에 따라 중동권 수주의 감소로 철수하던 우리 해외건설업체들에게 제1의 해외건설 수주 지역으로 부상하였다.

1992년 한 해의 수주액을 살펴보면 아시아 지역 수주액이 21억 달러로 해외건설 전체 수주액의 77%를 기록하였다. 1993년도에는 동남아의 수주액이 전체의 50.5%를 차지하였다. 1995년 해외 수주액은 중동지역에서의 대폭적인 수주 감소에도 불구하고 동남아지역에서만 64억4천3백만 달러를 기록해 전체 수주액의 75.7%를 차지하였다. 1996년은 동남아지역의 지속적인 수주 증가로 전년 대비 26.76% 증가한 107억7천9백만 달러를 기록하였으며, 아시아 지역만을 보면 75억7천4백만 달러로 전체의 70.27%를 차지하였다. 태평양, 북미 지역에서도 13억6천1백만 달러의 수주를 기록한 것도 주목할 만한 사실이다. 또한, 1997년 한 해 동안 전년(75억7천만 달러) 대비 약 10% 성장한 82억7천만 달러를 수주하여 전체 해외건설 수주액의 약 60%를 차지하였다. 그러나 90년대 후반을 기점으로 건설 물량이 점차적으로 축소되면서 외국 건설업체들이 참여할 기회가 계속적으로 감소하였다.

### 4.2.2 유럽

유럽은 큰 변동을 보이지 않았다.

### 4.2.3 중동

90년대에 들어 중동시장은 안정된 원유 가격 추세로 시장이 크게 형성되지 않고 대부분의 정부 주도형 사업이 줄고 민간투자 사업방식이 늘게 되서 외국건설업체는 더욱 치열하게 경쟁해야만 했다. 그러나 IMF 후 지속적인 고유가 현상으로 인해 플랜트 건설을 중심으로 해외건설이 살아나고 있다.

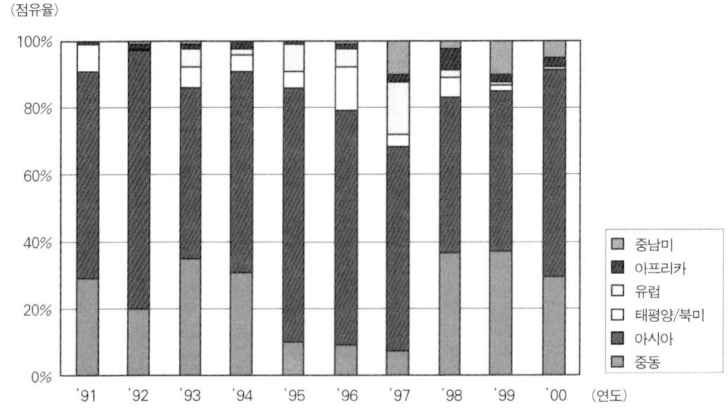


1990년대 해외건설 지역별 점유율 추이

자료 : 해외건설협회, 해외건설종합정보서비스(http://www.icak.or.kr)

### 4.2.4 아프리카, 러시아

중동의 대체 시장으로 급부상하는 곳이 바로 구 소련지역이다. 이 지역은 석유나 가스 매장량이 중동지역 못지않게 풍부한 곳이다. 실제로도 국내 업체들은 중동에서 러시아나 카자흐스탄 등 다른 지역으로 수주 지역을 확대하고 있다.

아프리카는 아직까지 해외건설시장 점유율이 10% 미만이지만, 시장 잠재력이 매우 높게 평가받고 있다. 1999년 이후부터 리비아에 대한 미국의 경제 제재가 완화되었기 때문에 이를 중심으로 아프리카 지역에서의 해외건설 발주가 늘고 있다.

## 4.3 공종별 추이

### 4.3.1 건축

1990년대 중반까지의 해외건설은 건축 시공이 주류였다. 이는 양질의 노동력과 우수한 시공기술력 덕분이었다.

1992년도에는 현대건설의 싱가포르 썬텍시티개발공사 수주를 시작으로 건축 시공이 15억4천3백만 달러로 해외건설 전체 수주액의 절반이 넘는 56%를 기록하였다. 1993년도에는 건축 시공이 16억2천7백만 달러로 전체의 33%를 차지하였고, 1995년도에는 35억9천6백만 달러를 기록하면서 전체 수주액의 43%를 차지하였다.

1997년에는 현대건설의 퉈니스스포츠센터와 메가엑스비션센터, 대우건설의 중국상해대우센터와 우즈베키스탄 타쉬겐트비즈니스센터 및 부동산개발형공사의 수주 증가로 건축 시공은 61억2천4백만 달러를 수주하여 약 43.8%를 차지하는 등 해외건설의 주종을 이뤘다. 그러나 IMF 구제금융 이후 전체 건설시장의 40~50%를 점유하던 건축 부문이 급격히 감소하기 시작하였다. 1998년에는 건축이 13억8천1백 달러로 전체 수주액의 35%에 그쳤나. 이는 중동과 중남미지역에서 대형 플랜트 물량이 늘면서 우리 건설업체들이 상대적으로 수익성이 더 높은 플랜트사업에 주력하기 시작하였기 때문이다. 그러나 싱가포르의 썬텍씨티개발공사나 미국의 트럼프월드타워처럼 랜드마크 성격이 강한 프로젝트는 회사와 국가를 홍보하는 효과를 가지며, 이에 따르는 경제적 수익성 또한 간과할 수 없기 때문에 지속적인 수주가 필요하다고 할 수 있다.

#### 4.3.2 토목

1992년의 수주액을 살펴보면, 토목이 5억5천7백만 달러로 해외건설 전체 수주액의 대부분인 20%를 기록하였다. 1993년도에는 토목이 23억6천5백만 달러로 전체의 47%를 차지하면서 전년의 두 배를 수주하였다. 1995년도에는 토목이 22억1백만 달러를 기록해 전체 수주액의 26%를 차지하였다. 1997년에는 토목은 싱가폴의 주롱섬 로드링크 및 부속공사, 지하철 북동선 701, 706, 711 구간 공사 등 대형 공사를 포함하여 26억1천3백만 달러를 수주하여 약 21.3%를 점유하였지만 1993년 이후 계속적인 하향세를 보였다.

### 4.3.3 플랜트

1995년 이후에는 건축·토목분야에서 수익성이 높은 석유화학공장 등 플랜트 쪽으로 비중이 옮겨지면서 경쟁력도 선진화되고 있다. 플랜트사업은 보통 국산자재 사용률이 30~50%에 달하고 수익성도 뛰어나다.

우리나라의 해외플랜트 건설공사는 1980년대 후반 중동시장이 시들해지면서 다소 침체기를 거친 후 1990년대 초부터는 동남아시아시장의 활황을 맞아 중흥기를 맞게 된다. 해외플랜트 건설공사는 1997년의 아시아 금융위기로 아시아시장이 침체되었다가 중동에서 중대형 플랜트공사 수주가 잇따르면서 다시 활발해졌다. 이후 해외플랜트 건설업은 중동, 아시아뿐 아니라 동유럽, 아프리카, 중남미 등의 미개척지에까지 고른 분포를 이루고 있다.

우리나라 건설업체의 시공이나 상세설계 등의 기술적인 부분에서 미국, 일본, 유럽 업체보다 경쟁력이 탁월할 뿐만 아니라 단가나 공기 단축면에서도 한국 건설업체가 단연 앞서고 있다. 특히 국내 건설업체들은 원유 · 가스 플랜트 분야와 담수화 프로젝트, 발전 · 변전소 건설사업에서 실시설계에서부터 시공·감리까지 모든 분야에 대해 탁월한 실력을 인정받고 있다.

〈표 10〉 주요 플랜트분야 계약 공사 목록 (단위 : 천 달러)

| 연도 | 국가 | 업체 | 사업명 | 공사비 |
|---|---|---|---|---|
| 1991 | 말레이시아 | 현대건설 | 말레이시아 LNG 공장 확장공사 | 153,240 |
| | 리비아 | 현대건설 | 리비아 라스라누프 폴리에틸렌공장 공사 | 180,088 |
| | 이란 | 신화건설 | 타브리즈 석유화학단지 올레핀공장 건설공사 | 129,476 |
| 1992 | 말레이시아 | 현대건설 | 가스 처리공장 4호기 (GPP-4) 공사 | 108,914 |
| | 라오스 | 대우건설 | Houay Ho 수력발전소 건설공사 | 213,000 |
| 1993 | 인도 | 현대중공업 | Secon Bassein Hazira 해저송유관 공사 | 195,000 |
| | 이란 | 대림건설 | 카룬 No. 4 수력댐 건설공사 | 220,647 |
| 1994 | 리비아 | 현대건설 | 라스코 2단계 PKG B(플리머 핸들링 및 필름공장 공사) | 309,753 |
| | 대만 | 대우건설 | 산동 시멘트공장 건설공사 | 463,855 |
| | 말레이시아 | 대림산업 | 가스처리공장 5, 6호기 건설공사 | 417,419 |
| 1995 | 인도네시아 | 신화건설 | 페이튼 석탄화력발전소 | 337,500 |
| | 싱가포르 | 현대건설 | 셀레타르 하수처리장 기전공사 | 375,275 |
| 1996 | 인도네시아 | 대우건설 | 마로스에 연산 180만t의 시멘트 플랜트 건설공사 | 153,125 |
| | 카타르 | 현대건설 | 두칸 가스추출 및 재처리 설비공사 | 208,800 |
| | 태국 | 코오롱건설 | SIPCO 복합 화력발전소 | 163,362 |
| 1997 | 멕시코 | SK 건설 | 카데레이타 정유소 확장공사 | 211,665 |
| | UAE | 두산중공업 | 알카윌라 해수담수화 및 발전설비 건설공사 | 1,336,319 |
| 1998 | 베트남 | 현대건설 | 팔라이 석탄화력발전소 300MW 2기 건설공사 | 129,298 |
| | 사우디아라비아 | 현대건설 | 카심 300MW 가스터빈발전소 증서공사 | 184,828 |
| | 카타르 | LG 건설 | NODCO 정유공장 확장공사 | 175,005 |
| | 가나 | SK 건설 | 테마정유공장 2단계 잔사유 처리사업 | 163,761 |
| | 리비아 | 현대건설 | 아타하디 가스전 개발공사 | 141,182 |
| 1999 | 방글라데시 | 현대건설 | 메그나가트 450MW 복합 화력발전소 공사 | 247,545 |
| | 이란 | 현대건설 | South Pars 가스전 개발공사 2, 3단계 - 육상설치 공사 | 179,241 |
| | 인도 | 현대건설 | 타니르 바비 220MW 바지 복합화력발전소 | 938,039 |
| | UAE | 현대건설 | 제벨알리 "D" 2단계 리파워링 발전 및 담수공사 | 239,086 |
| | 대만 | LG 건설 | 유동상식 촉매분해시설 건설공사 | 235,254 |

자료 : 해외건설협회, 해외건설종합정보서비스(http://www.icak.or.kr)

**참고문헌**

- 해외건설 추진현황, 건설경제심의관실 해설건설과.
- 현대건설 50년사, 현대건설주식회사, 1997년 5월 3일.
- 건설업의 위기와 긴급 제언, 삼성경제연구소, 2000년 11월 8일.
- 이영환, 새로운 경쟁 패러다임시대 돌입, 건설교통저널, 건설산업연구원, 2003. 2.

# IV

# 건축 제도 및 교육

# |1장| 제도 및 행정기구

(고)**김기철** | 동명건축 대표

## 1. 제도의 변천

### 1.1 건축 기준의 완화

「건축법」은 1962년 제정된 이래 근 30여 년간을 그 틀을 유지해오다가 정부의 경제 · 사회 각 분야의 자율화 · 민주화 정책에 부응하기 위해 제16차 개정(1991년 5월 31일)을 필두로 각종 규제 사항을 대폭 완화하는 내용으로 전면적인 개편을 하였다. 제16차 개정의 주요 내용은 당시 대통령이 추진한「주택 200만호 건설계획정책」을 달성하기 위한 건축 기준의 대폭 완화를 주요 골자로 하며 ① 조례규정 확대, ② 사전결정제도 도입, ③ 의제허가 대상 확대, ④ 사용승인 신청 시 경미한 사항 일괄신고, ⑤ 이행강제금제 신설, ⑥ 일반주거지역의 용적률 완화(300%~400%), ⑦ 공동주택의 인동거리

적용 완화이다. 이러한 제도 개선과 1988년부터 1992년까지 추진된 「주택 200만 호 건설정책」으로 2000년 현재 주택 보급률은 93.7%에 달하며 주택 부족 문제는 크게 개선되었다.

### 1.2 규제완화 · 부실시공에 따른 책임 강화

문민정부의 출범으로 정부는 국민들의 불편 해소와 규제 완화를 최우선 과제로 선정하였다. 이에 따라 건축법 또한 공무원의 간섭을 최대한 배제하고자 하는 방향으로 개정되었다. 제19차 개정(1995년 1월 5일)의 주요 골자를 보면 건축허가 시의 제출도서를 최소한으로 축소시키고, 실시도서를 착공신고 시에 제출하도록 하였으며, 형식적으로 운영되었던 중간검사제도를 폐지하였다. 대신에 공사감리자로 하여금 감리보고서를 건축주에게 보고하도록 하였으며, 공무원의 현장 확인 후의 사용검사제도를 폐지하고 공사 감리자의 완료보고서로 사용 승인에 갈음하도록 하였다.

부실시공의 방지를 위해 「건설산업기본법」에 소위 「시공실명제」를 도입하는 등 시공 분야의 규제를 강화하였으며, 건설 관련 분쟁에 신속히 대처하기 위하여 '건축분쟁조정위원회'를 시·군·구에 최초로 설치하였다.

또한 1995년 6월 31일 삼풍백화점의 붕괴사고는 부실 방지를 위한 다각도의 노력과 정책들이 유명무실했음을 증명하며 건설 관련 기술자들의 책임강화라는 사회적 공감대를 불러일으켰다. 이로써 건축법 제23차 개정(1995년 12월 30일)은 부실공사에 대한 공사 시공자, 공사 감리자, 설계자에 대한 처벌 기준을 대폭 강화하는 내용을 주요 골자로 개정되었다.

### 1.3 행정 절차의 간소화, 개체 규정의 하향 조정

1995년 이후부터 2000년까지의 제도 변천을 살펴보면 크게 3가지로 요약할 수 있다.

첫째는 행정 절차의 완화 및 간소화로 통칭될 수 있으며, 구체적 항목으로는 ① 용도변경대상 축소와 절차 간소화, ② 사전승인제 폐지, ③ 건축 착공기간 연장, ④ 건축허가 처리기준의 도입, ⑤ 중간감리보고 제도의 조정이 있다. 둘째는 개체 규정의 하향 조정이다. 셋째는 일조기준의 방향 전환, 상업지역에 건축하는 공동주택의 일조기준 폐지, 도시 관리를 위한 건축법의 새로운 시도 등을 들 수 있다.

## 2. 중앙 행정기구

### 2.1 행정자치부의 출범과 변천

행정자치부는 1998년 2월28일, 제1차 정부조직 개편의 일환으로 총무처와 내무부가 통합되어 발족하였다. 이때의 개편은 같은 해 1월7일 '정부조직개편심사위원회'가 구성됨으로써 본격화되었다.

#### 2.1.1 총무처 조직과 기능

1998년 2월28일 정부조직 개편으로 총무처가 폐지되고 내무부와 통합되어 행정자치부가 신설됨에 따라 총무처제가 폐지되었다.

## 〈표 1〉 정부조직의 변천(1991-1998)

| 개정년월일 | 1948. 7. 17 | 1991.7. 23.<br>(법률제 호) | 1993.3. 6.<br>(법률제4543호) | 1994.12.23<br>(법률제4383호) | 1995.1.5.<br>(법률제 호) | 1996.2. 9.<br>(법률제5450호) | 1996.8. 8.<br>(법률제5353호) | 1998.2. 28<br>(법률제5529호) |
|---|---|---|---|---|---|---|---|---|
| 중앙행정 조직의 명칭 | 원, 부, 처, 청, 위원회 | | | | | | | 부, 처, 청, 외국 |
| 중앙행정 조직의 수 | 11부, 4처, 3위원회 | 2원, 16부, 6처, 15청, 2외국 | 2원, 14부, 6처, 15청, 2외국 | 2원, 13부, 5처, 15청, 2외국 | 2원, 13부, 5처, 15청, 2외국 | 2원, 13부, 5처, 15청, 2외국 | 2원, 13부, 5처, 15청, 1외국 | 17부, 16처, 1외국 |
| 행정각부 | ○ 내무부<br>○ 외무부<br>○ 국방부<br>○ 재무부<br>○ 법무부<br>○ 문교부<br>○ 농림부<br>○ 상공부<br>○ 사회부<br>○ 교통부<br>○ 체신부 | • 경찰청 | ○ 문화체육부<br>○ 상공자원부 | ○ 통상산업부<br>○ 정보통신부<br>○ 환경부<br>○ 보건복지부<br>○ 노동부<br>○ 건설교통부<br>• 철도청<br>• 해운항만청 | | ○ 중소기업청 | ○ 농림부<br>○ 해양수산부<br>• 해양경찰청 | ○ 재정경제부<br>• 예산처<br>• 관세청<br>• 국세청<br>• 조달청<br>• 통계청<br>○ 통일부<br>○ 외교통상부<br>○ 법무부<br>• 검찰청<br>○ 국방부<br>• 병무청<br>○ 행정자치부<br>• 경찰청<br>○ 교육부<br>○ 과학기술처<br>• 기상청<br>○ 문화관광부<br>-문화재관리국<br>○ 농림부<br>• 농촌진흥청<br>• 산림청<br>○ 산업자원부<br>• 중소기업청<br>• 특허청<br>○ 정보통신부<br>○ 보건복지부<br>• 식품의약품안전청<br>○ 환경부<br>○ 노동부<br>○ 건설교통부<br>• 철도청<br>○ 해양수산부<br>• 해양경찰청 |
| 대통령 직속기구 | 총무처<br>고시위원회<br>감찰위원회 | | | | | | | 대통령비서실<br>대통령경호실<br>국무회의<br>감사원<br>국가안전보장회의<br>국가안전기획부<br>기획예산위원회<br>여성특별위원회<br>중소기업특별위원회 |
| 총리소속기구 | 총무처<br>공보처<br>법무처<br>기획처<br>경제위원회 | | | 행정조정실<br>국무총리비서실<br>정무장관(2)<br>비상기획위원회<br>공정거래위원회<br>○ 재정경제원<br>• 조달청<br>• 국세청<br>• 국세청<br>• 통계청<br>○ 통일부<br>○ 총무처<br>○ 과학기술처<br>• 기상청<br>○ 공보처<br>○ 법제처<br>○ 국가보훈처 | | | | 국무조정실<br>국무총리비서실<br>비상기획위원회<br>공정거래위원회<br>금융감독위원회<br>국민고충처리위원회<br>청소년보호위원회<br>○ 법제처<br>○ 국가보훈처 |
| | (제 정) | (개 정) | (개 정) | (개 정) | (개 정) | (개 정) | (개 정) | (전문개정) |

**〈표 2〉 총무처와 그 소속기관직제 변천**(1991~1997)

| 시기 | 개정사유 |
|---|---|
| 1991.8.24 공포, 대통령령 제13454호 | • 급변하는 국내·외 행정 환경과 새로운 행정 수요에 능동적 대처<br>• 21세기의 효율적인 국정수행 지원체제를 구축하기 위하여 총무처와 그 소속기관의 조직과 기능을 합리적으로 개편·조정 |
| 1994.4.22 공포, 대통령령 제13454호 | • 「행정규칙」 및 「민원사무기본법」의 제정, 「공직자윤리법」의 개정 등 여건 변화에 따라 소관기능과 조직을 합리적으로 조정하는 등 인력을 효율적으로 축소 개편 |

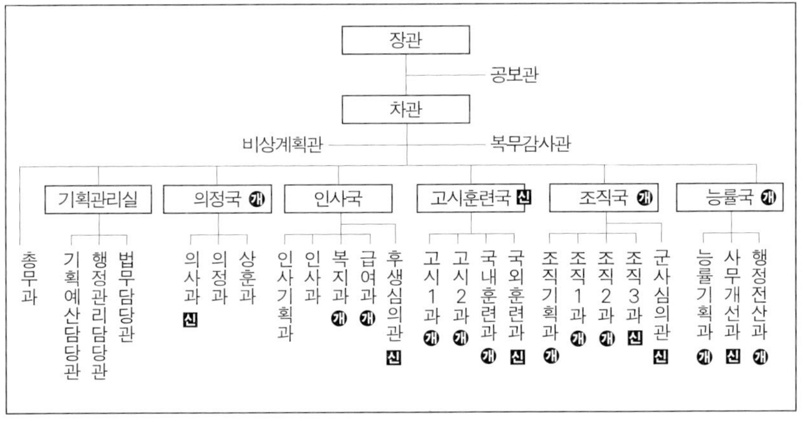


총무처직제(1991.8.24 공포)

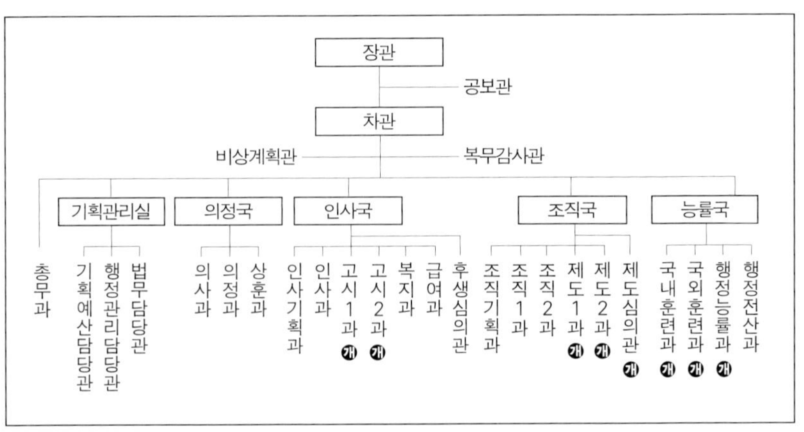


총무처직제(1994.4.22 공포)

### 2.1.2 내무부 조직과 기능

1991년 4월 23일 개편으로 신설된 지역경제국 산하의 지역정책과에서 지방종합개발계획의 수립 · 지도, 도시개발계획의 협의, 옥외광고물 등 관리, 도시연감 발간 등에 관한 사항을 담당하였다. 이는 총무부와 함께 1998년 2월 28일 행정자치부로 통합되기 전까지 아홉 차례의 조직개편을 거치면서 유지되었다.

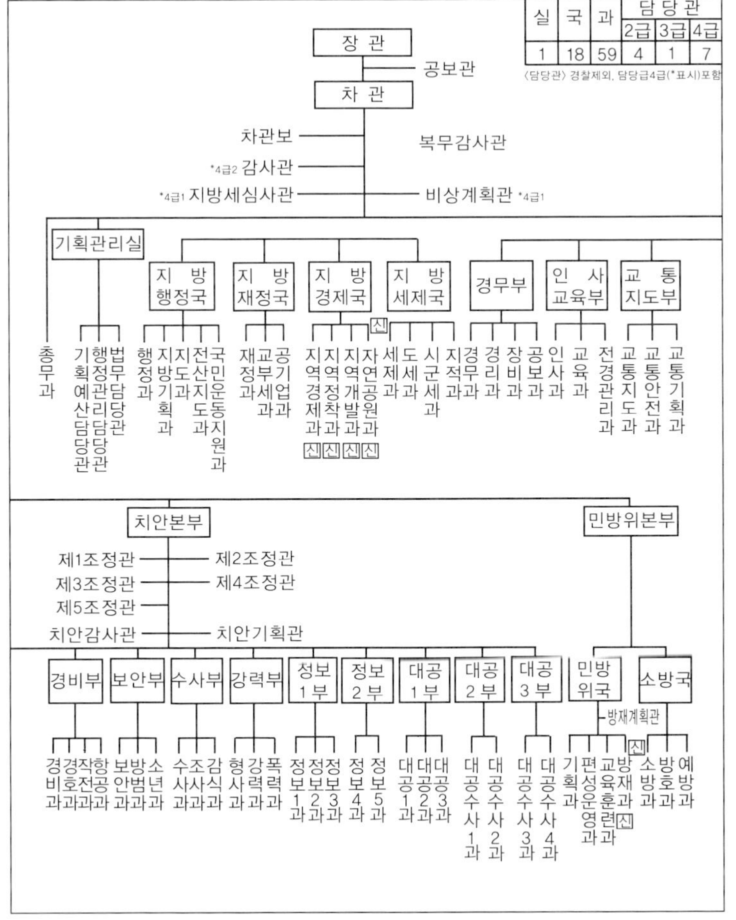


내무부와 그 소속기관직제(1991.4.23 공포, 대통령령 제13357호)

〈표 3〉 내무부와 그 소속기관직제 변천(1991~2000)

| 시기 | 개정사유 |
|---|---|
| 1991.4.23 공포,<br>대통령령 제13357호 | • 건설부로부터 재해대책 업무의 이관<br>• 「地方譲興金法」에 의한 사업추진 등 지방경제의 활성화 |
| 1991.7.23 공포,<br>대통령령 제13419호 | • 정부조직법 개정(1990.12.27. 법률 제4268호) 및 「경찰법」의 제정<br>• 경찰청 신설(1991.5.31. 법률 제 제4369호) |
| 1992.10.30 공포,<br>대통령령 제13751호 | • 지방자치제 실시에 따라 날로 증가되고 있는 광역행정 수요에 효과적으로 대처하고 지방공무원의 인사·교육훈련, 후생제도에 관한 기획 및 연구기능 강화 |
| 1994.4.21 공포,<br>대통령령 제14217호 | • 간소하고 능률적인 정부의 구현<br>• 지방화, 정보화시대에 효율적 대처 |
| 1994.12.23 공포,<br>대통령령 제14440호 | • 작고 능률적인 정부의 구현<br>• 본격적인 지방자치시대에 부응하도록 내무행정조직을 합리적으로 개편<br>• 국가의 재난예방기능 강화 |
| 1995.5.16 공포,<br>대통령령 제14649호 | • 재난사고 시 신속하고 효율적인 인명구조체제를 구축하기 위해 관련기구 보강<br>• 지방행정연수원의 외국어훈련기능을 강화하는 등 일부 기구와 인력을 조정 |
| 1995.10.19 공포,<br>대통령령 제14791호 | • 재난에 대처할 수 있는 종합적이고 체계적인 재난관리제 강화<br>• 대형 및 특수재난사고발생 시의 긴급구조구난활동기구 신설<br>• 기타 재난대책 관련 일부기구와 인력 강화 |
| 1997.5.27 공포,<br>대통령령 제15382호 | • 본격적인 지방자치제 실시에 따른 지방행정 환경의 변화로 지방 개발에 대한 행정 수요가 증대되고, 지역경제활성화 시책 추진의 필요성이 대두됨에 따라 지역경제업무에 대한 지원기능 보강 |
| 1997.8.13 공포,<br>대통령령 제15462호 | |

**〈표 4〉 내무부 신설 부서와 그 기능**(1991~2000)

| 시기 | 부서 | | 기능 |
|---|---|---|---|
| 1991.4.23 | 지역경제국(新) | 지역경제과(新) | 1.지역경제 발전방안의 연구 및 기획<br>2.지역경제 활성화대책의 추진지원<br>3.농어촌경제 및 낙후지역 발전계획의 추진·지도<br>4.지방 물가안정대책 추진의 지원<br>5.지방공무원 경제교육 및 주민홍보에 관한 사항<br>6.지방경제 동향의 분석·관리 및 지역총생산의 추계<br>7.각종 지역경제정보의 개발·관리<br>8.기타 국내 다른 과의 주관에 속하지 아니하는 사항 |
| | | 지역정책과(新) | 1.지방종합개발계획의 수립·지도<br>2.도시개발계획의 협의<br>3.옥외광고물 등 관리<br>4.도시연감 발간 등에 관한 사항 |
| | | 지역개발과(新) | 1.도서개발계획의 수립 및 추진·지도<br>2.특수지역 및 낙후지역 개발사업종합계획 수립·지도<br>3.농어촌 종합개발계획사업의 추진 지원<br>4.온천개발 관리·지도<br>5.유선 및 도선업 관리·지도<br>6.지방도·군도·농어촌 도로개발의 지도<br>7.지방도로 유지관리의 지도 |
| | | 자연공원과(新) | 1.국립공원의 지정 및 관리 |
| | 민방위본부<br>민방위국 | 방재과(新) | 1.재해대책위원회 및 중앙재해대책본부의 운영<br>2.각급 방재계획의 수립·조정 및 지도·감독<br>3.재해예방대책 수립 및 지도·감독<br>4.재해복구계획 수립·총괄 및 지도·감독<br>5.재해의 조사·분석 및 통계의 유지·관리<br>6.방재 실제훈련계획 수립·실시 및 홍보에 관한 사항<br>7.재해예측 및 방어에 관한 사항<br>8.재해구호 및 복구비용부담 기준의 설정·운영<br>9.재해대책에 관한 법령 입안 및 연구·발전<br>10.국제기구와의 협력에 관한 사항<br>11.방재통신망과 전산실의 운영 및 지도·감독 |
| | | 방재계획관(新) | 재해예방을 위한 방재기본계획의 수립 및 그 시행 조정에 관하여 국장을 보좌 |

| | | | |
|---|---|---|---|
| 1992.10.30 | 지방행정국 | 광역행정과(新) | 1.지방자치단체간의 분쟁조정에 관한 사항<br>2.국가와 지방자치단체간의 협의에 관한 사항<br>3.행정협의회 구성·운영에 관한 지도<br>4.지방자치단체조합의 설립지원 및 운영지도에 관한 사항 |
| | 지방기획국(新) | 지방공무원과(新) | 1.지방공무원 인사제도의 연구·기획 및 운영지도<br>2.지방공무원 교육훈련제도의 연구·개선<br>3.5급 이상 지방공무원 임용시험의 운영 및 시험사무의 지도·감독<br>4.지방공무원 후생복지 및 보수·수당제도의 연구<br>5.지방공무원 제안제도의 운영지도 |
| 1994.4.21 | 지방세제국 | 지방세심사과(新) | 1.지방세 심사청구분과위원회의 운영<br>2.지방세 심사청구의 결정<br>3.지방세 구제제도에 관한 사항<br>4.지방세 심사청구에 관한 판례 및 통계의 관리 |
| 1994.12.23 | 지방재정경제국 | 재정경제과(新) | 1.지방자치단체의 재정운영 및 재무회계지도<br>2.중·장기 지방재정계획 및 투·융자심사제도의 운영<br>3.지방자치단체의 예산편성 지침 수립 및 결산에 관한 운영지도<br>4.국고보조금 관리와 지방비 부담의 협의·조정<br>5.지방채 발행계획의 수립·운영 및 지방자치단체의 채무관리에 관한 지도<br>6.기부금품 모집 규제 및 허가<br>7.지역경제 활성화 대책의 추진·지원<br>8.지방자치단체의 통상진흥 및 지역특산화산업의 육성지원<br>9.기타 국내 다른 과의 주관에 속하지 아니하는 사항 |

〈표 5〉 내무부 신설부서와 그 기능(1991~2000)

| 시기 | 부서 | | 기능 |
|---|---|---|---|
| 1994.12.23 | 방재국 | 방재계획과(新) | 1.풍수해의 예방에 관한 사항<br>2.각종 방재계획의 수립·조정 및 지도<br>3.재해대책에 관한 법령 입안 및 제도의 연구·발전<br>4.지진종합대책의 수립·시행<br>5.재해대책위원회의 운영<br>6.방재교육·훈련 및 홍보에 관한 사항<br>7.방재 관련 국제기구와의 협력에 관한 사항<br>8.재해대책기금에 관한 사항<br>9.기타 국내 다른 과의 주관에 속하지 아니하는 사항 |
| | | 재해대책과(新) | 1.풍수해대책 및 상황 관리에 관한 사항<br>2.중앙재해대책본부 및 방재상황실의 운영<br>3.재해복구계획의 수립 및 재해복구예산에 관한 사항<br>4.재해위험지구의 관리 및 개선사업의 시행<br>5.방재전산망 및 통신망의 운영 지도<br>6.기상 및 홍수정보의 관리·전파<br>7.재해인원의 조사 분석 및 대책 수립<br>8.재해구호 및 복구비용의 부담기준과 피해액 산정기준의 설정·운영 |
| | | 재해복구과(新) | 1.중앙합동조사반의 구성·운영 및 피해조사 실시<br>2.재해복구사업의 지도·감독<br>3.방재시설예산의 운영에 관한 사항<br>4.재해복구공사의 품질관리 기준설정 및 운영지도<br>5.소하천 정비를 위한 제도개선 및 운영지도<br>6.방재시설기준의 수립 및 운영지도에 관한 사항 |
| 1995.5.10 | 민방위 본부소방국 | 구조구급과(新) | 1.구조·구급에 관한 법령의 연구 입안<br>2.구조·구급에 관한 교육 및 훈련계획의 수립<br>3.구조·구급기술의 연구 및 지도<br>4.구조·구급을 위한 동원 관리 및 특수재난 시의 긴급구조활동<br>5.중앙119구조대의 긴급구조·구난 활동의 지휘 |

| | | | |
|---|---|---|---|
| 1995.10.19 | 민방위<br>재난통제본부<br>재난관리국 | 재난총괄과(新) | 1.재난 관련 법령 · 제도 및 정책의 기획 · 운영 · 평가 총괄<br>2.중앙안전대책위원회의 운영협조 및 시 · 도 안전대책위원회의 지도 · 감독<br>3.재난대비 유관기관과의 지원 · 협조체제 구축<br>4.재난관련 국제기구와의 협력에 관한 사항<br>5.기타 국내 다른 과의 주관에 속하지 아니하는 사항 |
| | | 재난관리과(新) | 1.재난수습 · 복구에 관한 각종 기법의 개발 및 보급<br>2.재난 관련 정보의 관리 및 전파<br>3.재난대비 물자 · 자원 · 장비의 파악 및 동원계수의 수립 · 운영<br>4.재난상황종합관리 및 응급대응체제의 구축 · 운영<br>5.중앙 · 지역사고대책본부의 운영협조 및 지원 |
| | | 안전지도과(新) | 1.재난예방에 관한 각종 기법의 개발 및 보급<br>2.재난대비 교육 · 훈련에 관한 총괄 · 조정<br>3.안전문화 정착을 위한 교육 · 홍보<br>4.지방자치단체의 재난관리 행정에 대한 지도<br>5.지방자치단체가 관리하는 시설물 등의 안전관리에 대한 지도 · 지원<br>6.유선 도선업의 관리 · 지도 |
| | 민방위<br>본부소방국 | 장비통신과(新) | 1.소방통신장비 등 기자재의 수급 · 운용에 관한 관리 및 지도<br>2.소방유 · 무선지휘통신망의 구성 및 운영지도<br>3.소방지령전산화의 추진<br>4.중앙긴급구조구난본부상황실의 운영<br>5.기타 소방행정의 전산화 계획수립 및 추진 |
| 1997.5.27 | 지방재정<br>경제국 | 자연공원과(新) | 1.국립공원관리정책의 수립 및 지원<br>2.국립공원관리공단의 지도 · 감독<br>3.국립공원자원의 보호 · 관리<br>4.국립공원의 지정 · 변경 및 국립공원계획의 수립<br>5.기타 자연공원의 운영에 관한 사항 |
| | | 지역경제<br>심의관(新) | 지역경제활성화 관련 각종 지원시책, 지역개발 및 자연공원 관리업무에 관하여 국장을 보좌 |

### 2.1.3 행정자치부 조직과 기능

작지만 경쟁력 있는 정부를 구현하고 새로운 행정환경에 적합한 국정운영 시스템을 마련하기 위해 「정부조직법」의 개정(1998년 2월28일, 법률 제5529호)이 단행되었다. 이에 중앙과 지방정부에 대한 관리 · 조정 기능을 통합함으로써 효율적인 행정지원체제를 구축하기 위해 총무처와 내무부가 통합된 행정자치부가 출범하였다. 이때 개편된 주요 내용은 다음과 같다.

첫째, 지방자치제도의 연구 · 발전 · 지원, 주민등록제도의 연구 · 개선 및 지방자치단체의 행정정보화 기능을 수행하기 위해 자치지원국으로 개편하여 지방자치단체를 지원하기 위한 체제로 전환하였다.

둘째, 국립공원관리기능의 환경부 이관에 따라 내무부 지방재정국의 자연공원과를 환경부로 이관하고 관련 인력 10인을 이체하였다.

| 내무부 | 총무처 |
|---|---|
| • 기구: 1차관보 1실 1본부<br>7국 4관, 37과, 7외소<br>• 정원 : 1,111명(본부 572명, 소속기관 539명) | • 기구:1실 4국 5관, 26과, 5외소<br>• 정원 : 1,383명<br>(본부 403명, 소속기관 980명) |

| 행정자치부 |
|---|
| • 기구: 1차관보 1실 1본부, 10국 5관, 54과, 12외소(1실, 1국, 4관, 9과 감축)<br>• 정원 : 2,494명 2,334명(본부 855명, 소속기관 1,479명)<br>160명 감축(본부 △120, 소속기관 △40)<br>• 주요 개편 내용<br>- 기획관리실: 2 → 1 (△1)<br>- 민방위국 + 재난관리국 → 민방위재난관리국 (△1)<br>- 조직국 + 능률국 → 행정관리국 (△1)<br>- 인사국「고시기능」+ 능률국「교육훈련기능」→ 고시훈련국 (+1)<br>- 공보관(△1), 감사관(△1), 비상계획관(△1), 후생심의관(△1) |

행정자치부 개편 결과(1998.02)

자료 : 행정자치부 조직변천사(1948~2001)

셋째, 내무부의 민방위국과 재난관리국을 통합하여 민방위재난관리국으로 개편하고 재난총괄과를 폐지하였다.

넷째, 총무처의 복무감사관 및 능률국을 폐지하고 고시훈련국을 신설하였다.

다섯째, 총무처 인사국을 인사복무국으로 개편하였다.

여섯째, 총무처 조직국에서 관장했던 과 단위 이하 조직개편 권한을 신축적인 정부조직 관리를 위해 각 부처에 부여하고, 총무처 능률국에서 관장했던 행정규제 개혁 기능을 국무조정실로 이관함에 따라 양국을 통합하여 행정관리국으로 개편하였다.

#### 2.1.4 행정자치부직제와 폐지된 중앙행정기관

행정자치부직제는 1998년 2월 28일 공포, 대통령령 제15715호 및 1993년 3월 3일 공포, 부령 제1호 이래 1998년 7월 22일(대통령령 제15841호, 부령 제10호), 1999년 1월 21일(부령 제33호), 1999년 5월 24일(대통령령 제16341호, 부령 제51호), 1999년 10월 1일(대통령령 제16570호, 부령 제67호)의 4차례의 직제 개편을 하였다.

폐지된 행정기관으로는 전매청, 관재청, 원자력청, 공업진흥청, 해무청, 공업단지관리청, 중앙계량국, 표준국, 전파관리국, 수로국, 사회정화위원회, 중화학공업추진위원회, 특정지역종합개발추진위원회, 해외협력위원회가 있다.

## 2.2 건설교통부

### 2.2.1 건설교통부의 창설

1994년 12월 23일 정부조직 개편의 일환으로 건설부와 교통부가 통합되어 설립된 건설교통부는 도로 · 철도 등 사회간접자본에 대한 업무를 통합 · 관리하는 한편, 국토종합계획에 의한 지역균형개발, 도시 및 주택건설의 차질 없는 수행을 도모하도록 하였다. 또한 물류, 교통문제 등 경제 · 사회적 문제에 능동적으로 대처하도록 하였다.

### 2.2.2 건설교통부의 주요 업무

① 쾌적하고 살기 좋은 국토의 조성

- 국토 및 토지의 이용 · 관리에 대한 정책을 담당하고 있으며, 이에 따라 국토와 도시에 대한 관리 체계를 일원화하여 선계획-후개발의 원칙에 따라 관리하도록 하였다.

② 사회간접자본 시설 확충

- 도로 · 철도 및 지하철 · 공항 등 사회간접자본 시설의 확충과 이들 시설들을 연계한 국가물류정책을 총괄하도록 하였다.
- 인천국제공항의 성공적인 개항, 경부고속철도의 차질 없는 건설, 서해안 · 대전-진주 · 중앙고속도로 완공, 전국 5대 내륙화물기지 건설 추진 등 동북아 물류 기반 시설을 확충하도록 하였다.

③국민주거생활의 안정

- 주택의 건설, 공급, 개량 등 주택의 생애주기 전체 과정과 주택경기에 대해 국민들의 주거안정과 주거복지 향상을 위해 정책을 수립하여 추진하도록 하였다.
- 주택의 절대량 부족을 해결하기 위해 주택의 대량 공급을 지원하고 무주택 서민의 주거안정을 위하여 주택 가격을 안정시키며 소형주택을 우선적으로 공급하도록 하였다.
- 노후 불량주택을 대대적으로 정비하도록 하였다.

④건설 · 교통산업의 육성과 기술증진

- 건설업체의 경쟁력을 강화하기 위해 공사입찰제도 개선, 부실업체 퇴출 시스템 구축 등 건전한 건설시장 질서를 확립해 나가며, 건설신기술 개발과 해외시장 진출을 적극적으로 지원하도록 하였다.
- 시설물 안전관리 강화 및 부실공사 방지 대책을 추진하도록 하였다.

**〈표 6〉 주택건설 실적**(1997~2000년)

| 구분 | 1997 | 1998 | 1999 | 2000 |
|---|---|---|---|---|
| 주택건설(천 호) | 596 | 306 | 405 | 433 |
| 주택보급률(%) | 92.0 | 92.4 | 93.3 | 96.2 |

## 2.3 서울특별시

### 2.3.1 조직

서울특별시의 도로, 교량, 하수도 등 도시 발전에 필요한 인프라 시설을 기획하며 관리 담당 부서는 건설기획국이다.

### 2.3.2 건축종합민원실

서울시는 건축인허가 업무를 한곳에서 해결하는 '건축종합민원실'을 운영하고 있다. 이는 1998년 2월 8일 「건축법 제25조의 4의 조항」에 근거하여 신설되어 건축허가 · 건축신고 · 사용승인 등 건축과 관련된 민원을 종합적으로 접수하여 처리할 수 있는 민원실이다.

건설기획국 조직도

### 2.3.3 서울의 공간변천(1991~1999)

| 연도 | 내용 | 사진 |
|---|---|---|
| 1991 | • 남산1호 터널 개통<br>• 서울특별시의회 개원<br>• 운현궁 복원공사 착공<br>• 여의도 남단 샛강일대 공원개발계획 발표 | |
| 1992 | • 서울시내 자가용 승용차 100만 대 돌파<br>• 쓰레기 분리수거제 시행<br>• 미군기지 골프장 9만 평 반환 받아 가족공원 개장<br>• 경부고속전철 기공<br>• 서울·인천쓰레기 '김포매립' 시대 시작<br>• 서대문 독립공원 개장<br>• 세종로 지하주차장 준공<br>• 경희궁 복원계획 수립<br>• 영종도 수도권 인천국제공항 공사 착공<br>• 경인송유관 준공<br>• 서울외곽순환도로 김포-일산구간 착공<br>• 강남에 비해 불평등하게 적용되어 왔던 강북지역의 건폐율·용적률 제한 완화<br>• 신행주대교 붕괴 |  서대문 독립공원 독립관 |
| 1993 | • 경복궁내 구 총독부 건물 철거 시작<br>• 국제극장 자리 광화문 빌딩 준공<br>• 청와대 앞길 및 인왕산 개방<br>• 서울 오페라극장 개관<br>• 서울시립박물관 기공<br>• 지하철 4호선 상계-당고개 개통<br>• 수도권 광역상수도 4단계 공사 준공 | |
| 1994 | • '서울 정도 600년의 해' 선언<br>• 제1회 서울시민의 날<br>• 남산 외인아파트 폭파철거<br>• 남산골 한옥마을 개장, 천년 타임캡슐 매장<br>• 서울성곽 복원공사 완료<br>• 과천선 전철 완전 개통<br>• 지하철 5호선 한강해저터널 개통<br>• 지하철 분당선 개통<br>• 정릉천변 도시고속도로 건설<br>• 삼각지 입체교차로 철거<br>• 혜화문 부근 성곽복원공사 완공<br>• 장지-분당간 도시고속화도로 개통<br>• 시립 용미리묘지단지 준공<br>• 성수대교 붕괴<br>• 아현동 도시가스 지하저장소 폭발 |  남산한옥마을 전경 |

| | | |
|---|---|---|
| 1995 | • 서울 인구 1023만<br>• 서울시 인구 37년만에 처음 감소<br>• 서울시 행정구역 개편, 광진구, 금천구, 강서구 신설<br>• 쓰레기 종량제 전면 실시<br>• 승용차 10부제 운행<br>• 유네스코, 종묘를 세계문화유산으로 지정<br>• 서울시 5대 전략지역 개발구상 발표<br>• 2011년 목표 서울시 도시기본계획안 입안<br>• 남산 외인아파트터 시민공원 조성<br>• 구 총독부 건물 철거<br>• 서울자동차 200만 대 돌파<br>• 남산 안기부 강남으로 이전<br>• 성수대교 복구공사 착공<br>• 삼풍백화점 붕괴 | <br>삼풍백화점 붕괴 |
| 1996 | • 남산1 · 3호 터널 혼잡통행료 징수 시작<br>• 버스카드제 시행<br>• 지하철 8호선 성남구간 준공<br>• 지하철 5호선 일부구간 개통<br>• 일산호수공원 완공<br>• 영종도 인천국제공항 완공 | <br>인천국제공항 |
| 1997 | • 당산철교 보수공사 착공 | |
| 1998 | • 여의도 공원 개장<br>• 월드컵 경기장 착공<br>• 동대문 밀리오레 개점<br>• 아파트 거주 가구수가 단독주택 거주 가구수를 추월 | |

자료: 시정개발연구원, 서울 20세기 공간변천사, 2000

## 2.3.4 정부조직 관계 법령의 연혁

| 공포번호 | 공포일자 | 건명 | 개정요지 |
|---|---|---|---|
| 4541 | 1993.3.6 | 정부조직법중<br>개정법률 | 1.문화부와 체육청소년부를 문화체육부로 통합<br>2.상공부와 동력자원부를 통합 상공자원부로 통합 |
| 4831 | 1994.12.23 | 정부조직법중<br>개정법률 | 1.경제기획원과 교육부를 재무경제원으로 통합<br>2.경제기획원의 기획조정 및 심사평가기능을 행정조정실로 이관, 교통부의 관광기능을 문화체육부로 이관<br>3.건설부와 교통부를 건설교통부로 통합<br>4.상공자원부를 통상자원부로, 체신부를 정보통신부로, 보건사회부를 보건복지부로 각각 개편<br>5.환경처를 환경부로 개편<br>6.경제기획원장관 소속하의 공정거래위원회를 국무총리 소속기관으로 개편 |
| 5150 | 1996.2.9 | 정부조직법중<br>개정법률 | 1.중소기업신설, 공업진흥청 폐지 |
| 5153 | 1996.8.8 | 정부조직법중<br>개정법률 | 1.해양수산부 신설, 해양항만청 · 수산청 수로국 폐지<br>2.경찰청 소속 해양항만청을 해양수산부 소속 중앙행정기관으로 격상 |
| 5529 | 1998.2.28 | 정부조직법중<br>개정법률 | 1.부총리제를 폐지하고, 재정경제원을 재정경제부로, 통일원을 통일부로 각각 개편<br>2.총무처와 내무부를 행정자치부로 통합하고 과학기술처를 과학기술부로 개편, 문화체육부를 문화관광부로, 통상산업부를 산업자원부로 각각 개편<br>3.외무부를 외교통상부로 개편하고 외교통상부장관 밑에 통상교섭본부(차관급)를 둠<br>4.국무총리 밑의 행정조정실(차관급)을 국무조정실(장관급)로 개편하고 국무총리 밑에 공보실(1급)을 설치, 방송행정 · 출판 · 간행물 · 해외홍보기능은 문화관광부로 이관하고 공보처를 폐지<br>5.대통령 소속하에 기획예산위원회를 신설, 재정경제부장관 소속하에 예산청을 두며, 대통령 소속하에 여성특별위원회와 중소기업특별위원회를 신설<br>6.장관급인 법제처 및 국가보훈처를 차관급으로 축소 개편<br>7.보건복지부장관 소속하에 식품의약품안전청(차관급) 신설<br>8.정무장관 설치 근거 제거 |

## 참고문헌


- (大韓民國)政府組織變遷史, 1998(上,下)/行政自治部(354.51 ㅊ136ㅈ).
- 대한건축학회 50년사(1945-1995), 사단법인 대한건축학회.
- 政府機構圖表, 2002/行政自治部(354.51 ㅊ136ㅈ).
- 서울 20세기 공간변천사/김광중 〔외저〕; 서울시정개발연구원 〔편〕.
- 서울特別市 組織變遷史, Ⅱ : 1986-2000/서울특별시(352.05191 ㅅ219ㅅ).
- (도표로 본)서울시 주요 행정통계, 2002/서울특별시 〔편〕(352.05191 ㅅ219ㅅ).
- 서울의 환경, 2002/서울특별시 〔편〕(363.7 ㅅ219ㅅ).
- 서울통계연보, 2002(제42회)/서울특별시 〔편〕(315.191 ㅅ219ㅅ).
- 서울交通史/서울特別市史編纂委員會 編著(388.4095191 ㅅ219ㅅ).
- 행정자치부 조직변천사 : 1948-2001/행정자치부 〔편〕(354.51063 ㅎ174ㅎ).

# | 2장 | 건축교육

**이선영** | 서울시립대학교, 건축학부 교수

## 1. 대학의 양적 증가

1990년대에는 대학에서의 건축교육이 양적으로 크게 팽창하고 대학원의 활성화가 두드러졌다. 4년제 대학만 보더라도 49개 대학이 새롭게 건축 관련 학과를 출범시키면서 1980년대까지 61개였던 것이 110개로 늘어났다(표 2). 이로 인하여 1994년 발간된 건축백서에서 밝히고 있는 1993년 12월 현재 70개 대학 5,106명이던 입학정원도 2000년 현재 10,290명으로 크게 늘어나 급격한 변화를 보였다.

이와 더불어 전문대학의 입학정원은 80년대 말까지 30개 대학 6,354명에서 2000년 현재 76개 대학 11,857명으로 늘어났다. 또한 그동안 수도권에만 집중되어 있던 건축과의 분포가 상대적으로 비수도권에 집중된 신설로 인하여 전국적으로 균형을 잡아가는 데에 도움이 되기도 했다. 특히 4년제 대학의 입학정원 규모가 1,000명 이상 증가하면서 12개의 신설 대학 및 학과가 만들어진 충청권에서는 수도권과는 차별화된 해당 지역만의 건축 관련 행사들이 활성화되었고, 이는 건축교육의 지방문화의 시발점이 되기도 하였다.

이러한 대학 교육의 양적 증가는 석 · 박사 과정을 활성화시키게 되어 이 시기에 대학원 과정이 신설된 학교가 25개에 달하며, 박사 과정 개설 대학도 1980년대 25개에 불과하던 것이 51개교가 되었다(표 1).

이러한 일반대학원 학위 과정의 활성화는 직장인을 대상으로 하는 야간대학원의 활성화도 불러왔고 그동안 건축 관련 학과를 개설하고 있던 대학들 중 25개 대학에서 새롭게 산업대학원이라는 명칭을 사용하기 시작하였다. 이 시기에 건축 관련 학과를 신설한 대학들 중 14개 대학에서 야간대학원 과정을 개설하여 전국적으로 39개의 대학이 특수대학원을 가지게 되었다.

이 시기에 학사, 석사, 박사 과정을 신설한 대학은 〈표 1〉, 〈표 2〉와 같다.

**〈표 1〉 1990년대 석 · 박사 과정이 신설된 대학 현황**

| 석사과정 신설 | 박사과정 신설 |
|---|---|
| 수원대, 대전산업대(현 한밭대), 한남대, 경원대, 대전대, 경북산업대, 경성대, 아주대, 호서대, 대진대, 제주대, 건양대, 이화여대, 동서대, 대불대, 인제대, 한동대, 공주대, 선문대, 창원대, 한국해양대, 한서대, 세종대, 한국예술종합학교, 세명대 | 부경대, 홍익대(조치원), 동아대, 경기대, 경일대, 울산대, 강원대, 원광대, 경기대, 목원대, 인천대, 대구대, 동의대, 수원대, 숭실대, 금오공대, 경원대, 대전대, 아주대, 순천대, 광운대, 호서대, 건양대, 이화여대, 대불대, 세종대 |
| 총 25개 대학 | 총 26개 대학 |

〈표 2〉 1990년대 건축 관련 학과가 신설된 4년제 대학 현황

| 대학명 | 소속 | 학과명 | 개설연도 | 입학정원 |
|---|---|---|---|---|
| 삼척산업대학 | 공과대학 | 건축공학과 | 1991 | 80 |
| 서남대학교(남원) | 공과대학 | 건축학부 | 1991 | 55 |
| 서울산업대학교 | 공과대학 | 건축설계학 | 1991 | 130 |
| 서남대학교(아산) | 공학부 | 건축공학과 | 1991 | 40 |
| 호서대학교 | 공과대학 | 건축학과 | 1992 | 50 |
| 대진대학교 | 공과대학 | 건축학과(주/야) | 1992 | 40 |
| 제주대학교 | 공과대학 | 건축공학과 | 1993 | 40 |
| 건양대학교 | 공과대학 | 건축공학과 | 1993 | 60 |
| 이화여자대학교 | 공과대학 | 건축공학과 | 1993 | 60 |
| 군산대학교 | 공과대학 | 건축공학과 | 1994 | 40 |
| 동서대학교 | 건설공학부 | 건축공학과 | 1994 | 120 |
| 상주대학교 | 이공대학 | 건축공학과 | 1994 | 70 |
| 영동대학교 | 건설공학부 | 건축공학과 | 1994 | 40 |
| 전주대학교 | 공과대학 | 건축공학과 | 1994 | 100 |
| 남서울대학교 | 공학부 | 건축학과(주/야) | 1995 | 70/60 |
| 대불대학교 | 공과대학 | 건축공학과 | 1995 | 50 |
| 강남대학교 | 이공대학 | 건축공학과 | 1995 | 70 |
| 동해대학교 | 건설환경공학부 | 건축공학과 | 1995 | 60 |
| 삼척대학교 | 공과대학 | 건축설계학 | 1995 | 80 |
| 신라대학교 | 공과대학 | 건축공학과 | 1995 | 40 |
| 인제대학교 | 공과대학 | 건축학과 | 1995 | 40 |
| 한동대학교 | 공간시스템공학부 | 건설공학전공 | 1995 | 60 |
| 한라대학교 | 공과대학 | 건축학부 | 1995 | 70 |
| 한려대학교 | - | 건축공학과 | 1995 | 60 |
| 공주대학교 | 공과대학 | 건축공학과 | 1996 | 40 |
| 동명정보대학교 | 건축학부 | 건축공학과 | 1996 | 122 |
| 배재대학교 | 공과대학 | 건축학전공 | 1996 | 121 |
| 선문대학교 | 건설환경산업공학부 | 건축학과 | 1996 | 60 |

| | | | | |
|---|---|---|---|---|
| 창원대학교 | 공과대학 | 건축공학과 | 1996 | 50 |
| 청운대학교 | 이공계열 | 건축공학과 | 1996 | 120 |
| | | 건축환경설비학과 | 1998 | 40 |
| 초당대학교 | 자연공학 | 건축학과 | 1996 | 50 |
| 한국해양대학교 | 해양과학기술대학 | 건축학부 | 1996 | 60 |
| 한서대학교 | 공과대학 | 건축공학과 | 1996 | 40 |
| 탐라대학교 | 지역개발학부 | 건축학과 | 1997 | 39 |
| 경동대학교 | 건축공학부 | 건축설계학 | 1997 | 85 |
| | | 건축구조공학 | 1998 | 80 |
| 경운대학교 | 건축안경환경학부 | 건축공학과 | 1997 | 120 |
| 동양대학교 | 이공계열 | 건축학부 | 1997 | 80 |
| 서원대학교 | 자연과학대학 | 건축학과 | 1997 | 50 |
| 세종대학교 | 공과대학 | 건축공학부 | 1997 | 100 |
| 안동대학교 | 공과대학 | 건축공학과 | 1997 | 42 |
| 우석대학교 | 공과대학 | 건축공학과 | 1997 | 54 |
| 한국예술종합학교 | 미술원 | 건축과 | 1997 | 20 |
| 경주대학교 | 공과대학 | 건축공학과 | 1998 | 50 |
| 위덕대학교 | 공과대학 | 건축공학과 | 1998 | 60 |
| 순천향대학교 | 공과대학 | 건축학과 | 1998 | 40 |
| 한국기술교육대학교 | | 건축공학과 | 1998 | 45 |
| 가야대학교 | 공과대학 | 건축공학과 | 1999 | 70 |
| 영산대학교 | 건축학부 | 건축공학과 | 2000 | 200 |
| | | 건축설계과 | 2000 | 200 |
| 세명대학교 | 건설공학부 | 건축공학전공 | 2001 | 100 |
| | | 건축설비 공학전공 | 1999 | 50 |

## 2. 학부제 실시로 인한 전공의 정체성 위기

미래사회에 대비하여 다양하고 유연한 대학 교육을 제공하자는 의도로 도입된 학부제(1998년 고등교육법 및 동 시행령)는 모집단위 광역화와 학생의 전공 선택의 확대 등을 취지로, 이 시기의 우리나라 교육개혁을 실현시키기 위한 방법으로 긍정적 측면도 많았다. 실제로 학부제로의 전환을 유도하며 추진한 구조조정 실적에 따른 인센티브 부여 형식의 개혁은 많은 대학에서 복수전공, 부전공을 가능하게 하는 주변 학문과의 통합을 이끌었다. 그러나 관 주도의 교육 정책에 의해 획일적으로 전국에서 진행된 학부제는 학교별, 전공분야별 여건과 특성을 충분히 배려하지 못한 채 추진된 결과, 건축의 경우 대부분 건축과 관련되는 기존의 전공학과(도시, 조경, 토목, 환경, 교통 등)외에도 컴퓨터공학이나 화공, 재료공학 등의 건축과 관련되지 않은 학과와 통폐합되는 상황을 만들기도 하였다(표3).

건축 교육의 전문성과 특수성을 부각시킬 수 있는 정체성을 확보하지 못한 채, 각 학교별로 처한 여건에 맞추어 진행된 학부제는 교육 여건을 악화시키고, 절대 교육시간의 부족을 가져왔으며, 전문교육과 관련된 국제기준에 못 미치는 건축 교육의 부실이라는 결과를 낳았다. 〈표 4〉와 〈표 5〉에서 보여주는 학부제 시행 전후의 커리큘럼은 많은 건축 전공 과목들이 학부제 시행으로 인해 전공필수에서 전공선택으로 변함에 따라 학부 내에 함께 통합된 타 전공 과목에 대한 선택의 폭이 상대적으로 커진 반면 건축 전공 교육에 있어서는 상대적으로 취약해진 것을 나타낸다. 예를 들어, 전공필

수만을 수강하며 최소학점을 건축 전공에서 취득하는 경우 건축 전공학생이 35학점이라는 사상 초유의 최소 전공학점으로도 졸업이 가능해지는 상황까지 이르게 된 것이다.

이러한 모집단위 조정문제가 전공의 정체성에 대한 위기를 불러 일으키면서 건축 전공 내에서 다양한 전공이 만들어지는 것이 바람직하다는 의견이 설득력을 얻게 되고 선진국형의 건축학, 건축공학이라는 전공 분리로 가는 논리가 가능하게 되었다.

**〈표 3〉 학부제에서 타전공과의 통합학부 명칭 종류**

| |
|---|
| 건축학부, 건축공학부, 건축도시조경학부 |
| 건축토목공학부, 건축조경토목공학부, 공간환경학부 |
| 건축토목환경공학부, 건축토목측지학과군, 건축재료환경공학과군 |
| 토목환경시스템공학부, 공학부(건축, 토목환경, 정보통신), 건설학부 |
| 건설공학부, 건설환경공학부, 건설환경건축공학부 |
| 건설시스템공학부, 건설환경시스템공학부 |
| 건설교통공학부, 지역개발학부 |

## 3. 공학교육인증원의 출범과 전공 분리 시작 – 건축학 5년제를 위한 준비

이 시기는 대외개방과 관련된 사회의 다양한 변화들이 건축 교육에 큰 변화를 몰고 오게 된 시기이기도 하다. 국제 경제 및 교역의 질서가 된 WTO 체제하에서 전문 서비스 분야에 속하는 건축사와 엔지니어의 자격 상호 인정의 기본이 되는 국제 공인 전문교육을 위해 경쟁력을 갖추려는 노력은 대부분의 건축 관련학과가 소속되어 있던 공학 쪽에서 먼저 시작되었다. 1999년 8월 공학교육인증위원회가 출범하면서 그동안 공학의 한 분야로 속해오던 건축공학이 건설기술자를 양성하는 전공 분야로 학문 성격을 드러내게 된 것이다. 공학교육인증원(ABEEK)[1]은 대학의 공학 교육을 위한 교육 프로그램 기준과 지침을 제시하고, 이를 통해 인증 및 자문을 시행함으로써 공학 교육의 발전을 촉진하고, 국제적으로 경쟁력 있는 실력을 갖춘 공학 기술 인력을 양성하여 산업계에 배출함으로써 국가 발전에 기여한다는 목표 하에 만들어진 것이다. 공학교육인증원의 인증 대상 프로그램에 '건축공학 및 유사명칭의 공학 프로그램'이 속하게 됨으로써 건축공학은 건축학과와의 분리를 공식적으로 명시하게 되었다. 이러한 선명한 교육 과정을 요구하는 공학교육 인증체제가 건축공학을 분리시키자 학부제 시행으로 근본적인 정체성이 흔들리던 건축 설계 인력을 양성하는 건축 교육이 크게 위협받게 되었다. 건축학의 경우는 공학교육인증원의 출범으로 건축공학에서의 교육 기준에 대한 논의가 활성화되고 있을 때, WTO의 요청으로 국제건축사연맹(UIA)의 전문실무위원회(PPC)가 수년간 국제적으로 협의와 협상 등을 거쳐 제시한 '건축 실무에 있어서 프로페셔널리즘의 국제기준에 관한 UIA 협정'이 중요한 기준으로 부상하였다. 1996년 바르셀로나에서 제시된 이 기준이 1999년 북경에서 최종 채택됨과 동시에 건축 교육에 관한 기준으로 UIA/UNESCO 헌장[2]이 마련되었다. 이 헌장이 전문건축실무

---

1 2001년 초부터 공학 교육의 인증을 목표로 건축학, 산업공학, 기계공학, 농공학, 생물공학, 섬유공학, 원자핵공학, 자원공학, 재료공학, 전기전자정보공학, 조선공학, 환경공학, 토목공학, 항공 우주공학, 화학공학, 기타 비전통적 공학 프로그램을 망라하여 국내 공학 교육의 질을 검증하는 국내의 유일한 조직이다.

를 수행하기 위한 건축사의 기본 요건과 자격의 국제적 기준이자 최소 5년의 교육기간을 요구하는 건축 전문 교육의 기본 틀로 작용하게 되면서 우리나라의 건축교육의 내용은 일대 혁명을 겪게 된다. 이는 건축 교육이 건축사를 양성하는 건축학전공과 건설 관련 기술자를 양성하는 건축공학으로 분리되었음을 의미한다. 이와 같은 논의는 건축학회심포지엄을 비롯하여 건축계의 발전을 위한 토론회에 항상 등장하던 의제로 근본적인 분리를 미루어오고 있었으나, 정부 차원의 대외적인 협상 문제와 관련되어 50여 년간 지속되어 온 건축교육 체제가 급물살을 타면서 근본적 재편을 가져온 것이라 할 수 있다.

대한건축학회 주관으로 제출된 공학교육인증원의 인증프로그램초기안에는 건축학, 건축공학이 모두 포함되어 있었으나, 건축학이 UIA 협정의 후속 조치로 5년제로 변환된 별도의 인증제도를 추진하게 되면서 건축공학만이 공학교육인증원의 인증 대상이 되었고, 그동안 서구의 건축가와 엔지니어를 구분하던 전통과 달리 건축 관련 분야 전반의 인력 양성을 위하여 일반적인 통합 건축교육을 해 왔던 우리 건축계에 큰 획을 그으면서 전공 분리를 이끌어내게 된 것이었다.

〈표 5〉와 〈표 6〉에서 보여주는 전공 분리 이전과 이후의 교과과정은 건축가 양성을 목표로 하는 건축학 교육과 엔지니어 양성을 목표로 하는 건

---

2 출범 시에 만들어진 건축공학교육의 인증을 위한 요건은 교수진에 관한 제 사항(교수의 책임과 권한, 교수의 수, 교수자격, 교수책임시간산정 및 업적평가, 교수의 학생실무참여지도)과 교과과정에서 세부 평가 항목을 담고 있다. 전공 분야의 다양한 지식 및 능력을 갖출 수 있도록 하기 위하여, 교과과정은 건축 계획 및 설계, 건축 환경 및 설비, 건축 구조, 건축 시공 및 재료, 도시 계획 및 설계 분야 중 3가지 분야 이상을 다루어야 한다고 명시하였으며, 수리적 기초 과목, 시각 · 표현적 기초 과목, 전산기초 과목 등이 포함될 것이 요구되었다. 건축공학 프로그램과 관련된 이론과 설계 과목은 최소 1년 6개월 이상 설강될 것과 교과과정 전반을 통하여 설계개념 및 방법론을 통합하기 위한 혁신적 교육 방법의 개발이 권장되고 전공 분야의 실기 능력을 갖출 수 있도록 하기 위하여 최소한 3학점 이상의 실무과목이 설강되어야 한다고 명시되어 있다.

축공학 교육의 근본적인 차이를 보여주며, 몇몇 소수 과목들만이 교차 개설되거나 공통으로 개설되는 것을 보여준다. 또한 기존의 통합된 건축 교육에서는 볼 수 없었던 과목들이 신설되었는데 이는 국제화된 전문 교육 기준에서 요구되는 교과 내용을 반영한 결과라 하겠다.

〈표 4〉 전공 분리 전 학부제 시행 단계의 교과과정의 예(서울시립대)

| 학년 | 건축전공 | | | |
|---|---|---|---|---|
| | 1학기 | | 2학기 | |
| 1<br>학부<br>공통 | 전필<br>전선 | 제도및표현 (3-4)<br>건축학개론 (2)<br>도시학개론 (2) | 전필<br>전선<br>전선 | 기초설계 (4-6)<br>조경학개론 (2)<br>교통학개론 (2) |
| 2 | 전필<br>전선<br>전선 | 건축설계1 (4-6)<br>건축구조학 (3)<br>건축전산 (3) | 전필<br>전선<br>전선<br>전선<br>전선 | 건축설계2 (4-6)<br>건축구조역학1 (3)<br>건축계획1 (3)<br>건축환경및실험 (3-4)<br>건축조형실습 (3-4) |
| 3 | 전선<br>전선<br>전선<br>전선<br>전선<br>전선<br>전선<br>전선 | 건축설계3 (4-6)<br>철근콘크리트공학1 (3)<br>건축구조역학2 (3)<br>서양건축사1 (3)<br>건축계획2 (3)<br>건축의장론 (3)<br>건축재료및실험 (3-4)<br>주거단지계획론 (3) | 전선<br>전선<br>전선<br>전선<br>전선<br>전선<br>전선<br>전선 | 건축설계4 (4-6)<br>철골구조학1 (3)<br>건축시공학 (3)<br>철근콘크리트공학2 (3)<br>서양건축사2 (3)<br>한국건축론 (3)<br>한국건축사 (3)<br>건축설비1 (3) |
| 4 | 전선<br>전선<br>전선<br>전선<br>전선<br>전선 | 건축설계5 (4-6)<br>건축법규 (3)<br>현대건축론 (3)<br>철골구조학2 (3)<br>건축설비2 (3)<br>건축적산학 (3) | 전선<br>전필<br>전선<br>전선 | 건축설계6 (4-6)<br>졸업설계및논문 (S.U)<br>주거론 (3)<br>구조계획 (3) |

〈표 5〉 학부제 시행 이전의 교과과정의 예(서울시립대, 1994)

| 학년 | 건축전공 | | | |
|---|---|---|---|---|
| | 1학기 | | 2학기 | |
| 1 | 전필 | 건축학개론 (3) | 전필 | 건축도학 (2) |
| 2 | 전필 | 건축설계1 (3-4) | 전필 | 건축설계2 (3-4) |
| | 전필 | 건축구조학 (3) | 전필 | 건축구조역학1 (3) |
| | 전선 | 컴퓨터프로그래밍 (3-4) | 전필 | 건축계획1 (3) |
| | 전선 | 공업수학1 (3) | 전선 | 건축환경및실험 (3-4) |
| | 전선 | 건축표현기법 (3) | 전선 | 건축조형실습 (3-4) |
| 3 | 전필 | 건축설계3 (3-4) | 전필 | 건축설계4 (3-4) |
| | 전필 | 철근콘크리트공학1 (3) | 전필 | 철골구조학1 (3) |
| | 전필 | 건축구조역학2 (3) | 전필 | 건축시공학 (3) |
| | 전필 | 서양건축사1 (3) | 전선 | 철근콘크리트공학2 (3) |
| | 전선 | 건축계획2 (3) | 전선 | 도시계획론 (3) |
| | 전선 | 건축의장론 (3) | 전선 | 건축형태론 (3) |
| | 전선 | 건축재료및실험 (3-4) | 전선 | 서양건축사2 (3) |
| | 전선 | 단지계획론 (3) | 전선 | 건축계획3 (3) |
| | | | 전선 | 건축설비1 (3) |
| 4 | 전필 | 건축설계5 (3-4) | 전선 | 건축설계6 (3-4) |
| | 전선 | 건축법규 (3) | 전필 | 졸업논문 (S.U) |
| | 전선 | 현대건축론 (3) | 전선 | 한국건축사 (3) |
| | 전선 | 철골구조학2 (3) | 전선 | 주거론 (3) |
| | 전선 | 건축설비2 (3) | 전선 | 건축윤강 (3) |
| | 전선 | 건축적산학 (3) | 전선 | 구조계획 (3) |

〈표 6〉 전공 분리 후 교과과정의 예(서울시립대)

| 학년 | 건축학 전공 | | 전공공통 | | 건축공학 전공 | |
|---|---|---|---|---|---|---|
| 1 | 전필 | 제도및표현 (3-4) | 제도및표현 | | 전필 | 제도및표현 (3-4) |
| 학부 | 전선 | 건축학개론1 (2) | 건축학개론 | | | |
| 공통 | 전선 | 기초설계 (4-6) | 기초설계 | | 전필 | 기초설계 (4-6) |
| | | | 건축공학개론 | | 전선 | 건축공학개론 (2) |
| 2 | 전필 | 건축설계1 (4-6) | 건축설계1 | 건축구조학 | 전필 | 공학수학 (3) |
| | 전선 | 건축계획학 (3) | 건축계획학 | 건축구조역학1 | 전선 | 건축구조학 (3) |
| | 전선 | 건축조형실습 (3-4) | | 건축재료학 | 전선 | 건축구조역학1 (3) |
| | | | | 건축환경 | 전선 | 건축재료학 (3) |
| | | | | | 전선 | 건축환경 (3) |
| | 전필 | 건축설계2 (4-6) | 건축설계2 | 건축시공1 | 전선 | 건축구조역학2 (3) |
| | 전선 | 서양고전중세건축 (3) | 건축과 컴퓨터 | 건축설비 | 전선 | 철근콘크리트공학1 (3) |
| | 전선 | 건축시설계획1 (3) | | | 전선 | 건축시공1 (3) |
| | 전선 | 건축과컴퓨터 (3-4) | | | 전선 | 건축설비 (3) |

| | | | | | | |
|---|---|---|---|---|---|---|
| 3 | 전선 | 건축설계3 (6-10) | 단지설계 | | 전선 | 건축공학설계 (4-6) |
| | 전선 | 건축시설계획2 (3) | 한국건축사개론 | | 전선 | 철근콘크리트공학2 (3) |
| | 전선 | 단지설계 (3) | 생태와건축 | | 전선 | 철골구조학1 (3) |
| | 전선 | 서양근대건축 (3) | | | 전선 | 건축시공2 (3) |
| | 전선 | 한국건축사개론 (3) | | | 전선 | 건축환경공학1 (3) |
| | 전선 | 생태와건축 (3) | | | 전선 | 건축과컴퓨터응용 (3-4) |
| | 전선 | 건축설계와컴퓨터 (3-4) | | | | |
| | 전선 | 건축설계4 (6-10) | 설계와구조 | 건설공정및적산 | 전선 | 건축시스템설계1 (4-6) |
| | 전선 | 건축의장론 (3) | | | 전선 | 철골구조학2 (3) |
| | 전선 | 현대건축론1 (3) | | | 전선 | 구조재료실험 (3-4) |
| | 전선 | 한국건축론 (3) | | | 전선 | 건설공정및적산 (3) |
| | 전선 | 주거론 (3) | | | 전선 | 건축환경공학2 (3) |
| | 전선 | 설계와구조 (3) | | | | |
| 4 | 전선 | 건축설계5 (6-10) | 건축법규 | 구조계획 | 전선 | 건축시스템설계2 (4-6) |
| | 전선 | 건축법규 (3) | | | 전선 | 구조계획 (3) |
| | 전선 | 동양건축사 (3) | | | 전선 | 구조해석 (3) |
| | 전선 | 건축이론과비평 (3) | | | 전선 | 건설관리및경영 (3) |
| | | | | | 전선 | 건축공기조화설비 (3) |
| | 전선 | 건축설계6 (6-10) | 건축실무와윤리 | 건설경제 | 전선 | 기초공학 (3) |
| | 전선 | 현대건축론2 (3) | | | 전선 | 특수구조 (3) |
| | 전선 | 건축제도와정책 (3) | | | 전선 | 건설경제 (3) |
| | 전선 | 건축실무와윤리 (3) | | | 전선 | 건축전기설비 (3) |
| | 전선 | 건축학연구 (3) | | | 전선 | 건축공학연구 (3) |
| | 전필 | 졸업설계및논문 (S.U) | | | 전필 | 졸업설계및논문 (S.U) |

* 건축학 전공은 3과목(1학년 개설 전공과목) + 29과목(2, 3, 4학년 개설 전공과목)
* 건축공학 전공은 3과목(1학년 개설 전공과목) + 30과목(2, 3, 4학년 개설 전공과목)
* 전공 공통은 건축공학 전공자가 이수하도록 건축학전공 분야에서 개설한 과목

## 4. 다양한 교육시스템의 탄생과 실무 건축가의 교육 참여

건축 교육을 둘러싼 국내외 여건의 변화는 국내 건축 관련 교육의 현주소를 점검하고 시대에 맞는 방향을 설정할 것을 요구하였다. 국내에서는 건축 전문 교육을 표방한 건축 교육 연한 문제의 논의 등으로 건축 교육의 틀이 다변화되었다. 이 시기에 이루어진 새로운 교육시스템 중 대표적인 것이 건축전문대학원이다. 전문대학원[3]은 학부에서 건축을 전공하지 않은 학생들이 건축 관련 전문인이 되기 위한 전문 교육을 받을 수 있는 새로운 제도로서, 기존의 일반대학원과는 차별화되어 설계 교육을 위주로 하는 대학원 건축 교육이다. 이에 건축 관련학과를 졸업한 학생들도 더 심화된 설계 교육을 위해 이러한 대학원으로 진학을 하게 되고 교육부 지침에 따라 전임교수들이 기존의 건축 관련학과와는 별도의 그룹으로 구성되면서 실무 건축가 위주로 재편되는 현상을 낳았다. 1995년에 시작한 경기대 건축전문대학원은 이러한 시스템의 모태가 되었고, 바로 이듬해 출범한 건국대 건축대학원과 2000년에 문을 연 한양대 건축대학원까지 총 3개의 전문대학원이 이 시기에 태어났다. 이러한 전문대학원들의 등장을 필두로 2000년 이후 차차 건축학 교육의 5년제로의 전환 및 전문대의 3년제 건축 전공이 이루어진다.

또한 기존의 경직된 체제의 건축 교육의 한계를 벗어나고자 하는 다

3 1998학년도 도입을 전제로 1997년 7월 시달된 교육부의 전문대학원 설립, 운영 지침은 배치 교원의 수(계열별 학생 정원의 2배 학생수를 계열별 교원 1인당 학생수로 나눈 숫자), 겸임교수의 가능 비율(1/3), 최저기준 학생수(50명) 등 인적 사항에 대한 것부터, 교육과정, 수업방법 및 학위명, 입학자격, 산학협동 여건 등 학사 운영에 관한 사항과 연구기구 보유현황 및 연구 여건 등 시설에 대한 사항까지 신청서에 명시하도록 되어 있다.

양성 확보를 위한 노력은 대안 교육들을 불러왔는데, 이는 대부분 실무 건축가들이 주축이 되어 움직이는 단기 설계 교육 스튜디오형식이었으며, 1995년 출발한 대안교육공동체 서울건축학교, 민족건축인협의회 주관으로 1996년 시작된 여름건축캠프, 충북 건축디자인캠프 등이 그 예이다. 2000년에는 한국건축가협회가 건축가학교를 시작하면서 이제 많은 학생들과 전문인들은 대학의 틀에서 벗어나 다양한 대안적 교육을 접할 수 있게 되었다.

이러한 제도권 밖의 실무 건축가의 교육 참여는 대학의 설계스튜디오에 이들을 끌어들이는 자연스러운 변화를 가져오기도 하였다. 이 시기에 이루어진 대학의 양적 증가는 학교간의 건축 교육 담당전임교수의 확보 전쟁에 불을 붙이게 되었다. 1993년 조사 당시 1개 학과당 평균 6.4명이던 442명의 건축 관련학과의 교수 수는 2000년 말까지 981명으로 늘어나면서 1개 학과당 9.8명으로 증가하였다. 하지만 제한된 전임교수의 숫자로는 여전히 설계스튜디오 교육이 불가능했고, 설계스튜디오 교육은 외부 강사에 의존하는 실정이었다. 그동안 과도한 교수와 학생 비율로 체계를 갖추지 못했던 설계 교육이 실무건축가의 다양한 교육 참여로 스튜디오 교육의 면모를 갖추게 되었으며 시간 강사의 지위에서 보다 책임 있게 교육에 참여할 수 있는 겸임교수, 초빙교수 등의 지위가 주어짐으로써 학계와 실무계는 설계 교육에서 다양한 교류를 가속화시킬 수 있게 되었다. 이와 더불어 설계 교육을 담당할 전임교수의 자격 요건를 기존의 박사 학위 소지자라는 조건에서 차별화한 실무 경력과 건축사 자격증에 대한 요구 등의 조건으로 변화시켜 기존의 교수 임용의 양태를 벗어나기도 하였다. 그러나 이러한 변화된 자격 요건에도 불구하고 기존의 학술 연구 논문과는 다른 잣대로 평가되어야 할 설계 교수의 업적과 승진에 대한 대안의 마련이 늦어지면서 설계 교수의 실무 작업의 가능성을 열어주는 문제가 대학마다 숙제로 남게 되고, 설계 교수들의 자구책을 위한 모임이 잦아지는 현상도 낳았다.

또한 해외 유학과 실무 경험을 거친 젊은 건축가들이 국내로 들어와 다양한 형식으로 설계 교육에 참여하게 되고, 해외여행자유화 조치 이후 봇

↖ 청주 국제건축디자인캠프 책자
↗ 건축교육개혁을 위한 실천적 방안 학술회의 자료집, 1996
↙ 21세기를 향한 우리나라 건축교육 제도 개선에 관한 포럼, 경북대, 1998(대한건축학회 자료사진)
↘ 건축교육 및 건축사제도 개선을 위한 공청회(대한건축학회 자료사진)

물 터지듯 해외로 나가는 건축학도들의 배낭여행을 통해 국제 감각을 높이게 된 시기도 이때이다.

이 시기는 학생들이 참여할 수 있는 설계공모전 종류가 다양해져서 제도권 안에서의 설계 교육 외의 학습의 가능성이 많았던 시기이기도 하다. 기존에 있었던 대한민국건축대전(한국건축가협회), 공간학생건축상(SPACE 그룹) 외에 건축문화대상(건설교통부, 대한건축사협회), 태양열건축설계공모전(한국양에너지학회), 공동주택 학생설계공모전(현대산업개발), 대학생 공동주택설계공모전(도시개발공사), 대학생 주택설계공모전(대한주택공사), 이상건축공모전(월간 이상건축), 지산 학생건축공모전(지산장학회), 강구조 건축물설계공모전(한국철강협회), 대한민국 실내건축대전(한국실내건축가협회), JAD 실내환경디자인 공모전(중앙디자인) 등 다양한 공모전의 기회가 학생들에게 부여되었다. 이와 같은 공모전 입상 실적은 학교간의 경쟁을 불러오기도 하고 설계사무소 신입사원 채용에 참고 자료로 사용되기도 하는 등의 영향을 가져왔다.

## 5. 건축 교육의 선진화와 국제화를 위한 다양한 행사들

1990년대는 건축교육에 대한 다양한 담론과 개선을 위한 노력이 건축계의 시선을 집중시킨 시기이다. 대외적으로 국제적인 전문가 자격 인정과 맞물려 엔지니어와 건축가를 위한 교육이 국제 기준을 맞추도록 요구된 것과 더불어 그동안 간헐적으로 이어져 온 설계 교육의 내실화를 위한 학교와 실무계를 아우르는 건축 분야 내부의 노력도 어느 정도 결실을 맺게 되는 시기가 이 때이다. 이러한 노력이 지속되는 과정에서 1990년대에 이루어진 건축 교육 관련 주요 행사를 정리하면 〈표 7〉과 같다.

**〈표 7〉 1990년대의 건축 교육 관련 주요 행사**

| 일시 | 연제 | 주최 | 주요내용 |
|---|---|---|---|
| 1992.3.7 | 건축계획, 설계교육의 개선 방향 | 건축학회 교육위원회 | • 건축계획 설계교육의 개선방향<br>• 대학 건축설계 교육모델<br>• 건축설계 교육기법에 관한 고찰<br>• 전환되어야 할 건축설계 교육 |
| 1993.11.20 | 건축교육 내실을 위한 방안 모색에 관한 세미나 | 건축학회 교육위원회 | • 전국대학 건축(공)학과 교육현황 비교연구<br>• 건축(공)학과 교수요목(Syllabus) 작성 시안<br>• 설계 교육 내실을 위한 대안 연구<br>• 건축대학 설립을 위한 대안 모색 |
| 1994.3.26 | 제8차 전국대학 건축(공)학과 교수세미나: 국제화 시대를 맞는 우리 건축 교육의 선진화 | 건축학회 교육위원회 | • 국내대학 건축교육의 현황과 문제점<br>• 선진 외국의 건축교육제도와 새로운 움직임<br>• 건축교육제도의 개선 방향<br>• 건축교육제도 개선안<br>• 사례발표(한양대, 울산대) |
| 1996.3.29 | 건축학회창립 50주년 기념 학술회의: 건축 교육 개혁을 위한 실천적 방안 | 건축학회 | • 신문명을 위한 새로운 교육체제의 기본철학과 골격<br>• 미국건축대학교육의 개선방향<br>• 대학교육의 기본정책<br>• 건축 교육의 나아갈 방향<br>• 개방화에 따른 건축교육제도<br>• 건축디자인 교육을 위한 대학의 모형<br>• 건축기술교육을 위한 대학의 모형<br>• 건축교육 인증제도 |
| 1998.10.31 | 21세기를 향한 우리나라 건축교육제도 개선에 관한 포럼(건축학회 추계학술발표대회 행사) | 건축학회 교육위원회 | • 국제화시대에 대비한 건축교육제도 개선 방안 연구(발제논문발표 및 토론)<br>• 국내외 동향분석, 우리나라의 건축교육제도의 현황과 전문가 인증제도, 건축교육의 평가와 교육제도의 개선방향, 교육제도 대안기준 및 모델 제시 |

| | | | |
|---|---|---|---|
| 1999.5.28 | 건축교육개선<br>특별위원회 공청회 | 건축학회 | • 한국공학교육인증원에 제출할 건축학 및 유사공학프로그램 인증기준안에 대한 공청회<br>• 건축학은 재검토 결의, 건축공학만 송부 결정 |
| 1999.9.14 | 아시아건축사협의회<br>(ARCASIA)<br>교육위원회워크샵<br>- Standards<br>and Systems of<br>Accreditation | 건축사협회 | • ARCASIA 회원국의 주요 대학의 대표자들의 교육 관련 워크샵으로 RIBA에서 파견된 CAA 회장 등 관계자들도 적극적으로 참여하여 아시아권에서의 인증 문제에 대해 관심을 가짐. 참석자들은 각 나라의 인증제도와 관련한 현상황을 알리고 의견을 교환<br>• Resolving the Sciences/Humanities Opposition in Architecture<br>• UIA Professional Standards and Asian Value<br>• Architectural Education in Asia<br>The Future of Architectural Education |
| 1999.11.19 | 건축교육 및 건축사제도<br>개선을 위한 1차 공청회 | 건축학회 건축사<br>자격제도<br>개선방안에 관한<br>연구위원회 | • 교육제도개선, 건축교육인증, 건축사제도 및 보완, 건축사시험제도에 대한 개선안 발표와 토론 |
| 2000.1.14 | 건축교육 및 건축사제도<br>개선을 위한 2차 공청회 | 건축학회 건축사<br>자격제도<br>개선방안에 관한<br>연구위원회 | • 교육제도개선, 건축교육인증, 건축사제도 및 보완, 건축사시험제도에 대한 개선안 발표와 토론 |
| 2000.5.27 | 건축교육제도<br>개선방향과<br>경과조치방안에 관한<br>국제심포지엄 | 경기대학교<br>건축전문대학원<br>BK디자인<br>특화사업단 | • UIA 협정에 따른 한국건축교육 및 관련 제도의 개선방향<br>• International qualification of architects and their Re-education<br>• Accreditation standard of architectural education in China<br>• 경과조치로서의 건축사 및 예비건축사 구제방안<br>• 국제인증을 목표로 한 중국건축교육 및 건축사 제도 |
| 2000.8.30 | 건축교육제제의 변화와<br>건축사 자격시험에 대한<br>심포지엄 | 건축학회<br>대구경북지회 | • 부실한 건축교육, 건축교육개혁, 건축산업개혁, 공학교육개혁의 필요성 등에 대한 발표자의 발표와 참석자들의 토론 |

# 6. 다양한 학회의 등장

그동안 대한건축학회를 중심으로 이루어지던 학문 간의 소통이 좀 더 세분화된 전문 분야로 확대되어 활성화된 것도 이 시기의 두드러진 변화였다.

건축역사학회(1991)를 필두로 다양한 분야의 학자들이 학문으로서의 건축을 활성화시켰다. 이 시기에 만들어진 건축 관련 전문학회들은 다음과 같다.

**〈표 8〉 1990년대에 만들어진 건축 관련 학회**

| 학회명 | 창립연도 | 회원수* | 설립취지 | 논문집명(학회지) | 관련분야 |
|---|---|---|---|---|---|
| 건축역사학회 | 1991 | 750 | 고대부터 현대에 이르는 한국건축사는 물론, 동·서양건축의 역사학 탐구와 건축문화재 보존을 위한 학문적 접근, 그리고 한국에서 이루어져야 할 건축이론의 정립 | 건축역사연구 | 건축 |
| 한국교육시설학회 | 1993 | 1350 | 교육시설의 발전을 위하여 교육시설에 관한 연구과 학술 및 기술을 발전 보급 | 교육시설 | 건축<br>교육 |
| 한국의료<br>복지시설학회 | 1994 | 400 | 국내외의 의료환경 변화에 대응하고 병원 건축과 복지 관련 시설을 관심 분야로 하며, 의료복지시설과 관련이 있는 모든 분야의 전문인 또는 단체들이 서로 협력하여 우리나라 의료복지시설의 수준 향상에 기여함을 목적으로 함 | 한국의료<br>복지시설<br>학회지 | 건축<br>실내디자인<br>노인복지 |

| | | | | | |
|---|---|---|---|---|---|
| 한국퍼실리티 매니지먼트학회 | 1996 | 1733 | 기업고정자산의 효과적 활용과 쾌적하고 효율적인 업무환경을 제공하기 위한 연구개발 활동 추구 및 이를 통한 기업경쟁력 제공과 국가와 국민경제발전에 공헌함 | 한국퍼실리티 매니지먼트 학회지 | 경영<br>건축<br>건설<br>부동산 |
| 한국농촌건축학회 | 1998 | 350 | 마을계획과 농촌지역에 있는 건축, 지역시설 전반을 대상으로 연구와 실용적인 적용에 있어서 농촌에 실질적인 도움을 주는 것을 목적으로 설립함. | 한국농촌 건축학회 논문집 | 건축 |
| 한국박물관 건축학회 | 1999 | 400 | 박물관건축 관련 학술, 예술, 기술을 연구함으로써 박물과 건축문화 창달에 기여함 | 한국박물관 건축학회 논문집 | 건축계획,<br>설계<br>실내건축<br>박물관<br>환경조형 |
| 한국건설 관리학회 | 1999 | 1800 | 건설관리에 관한 학문과 기술의 발전과 보급에 기여함 | 건설관리 | 토목<br>시공 및 건설<br>건축<br>감리<br>컨설팅<br>기술경영<br>건설관리 |

*2004년 현재 회원수

## 7. 대학 평가

이 시기에는 교육의 주체가 되는 대학에 대한 평가가 시작되면서 대학 간에 경쟁이 심화되는 현상이 일어났는데, 한국대학교육협의회의 평가[4]와 중앙일보 평가가 대표적이다. 건축 분야의 경우 중앙일보 평가가 시기적으로 먼저 이루어졌다. 국내 일간지로는 유일하게 종합평가와 학문 분야 평가를 시작한 중앙일보는 항목별로 1위에서 20위까지 순위를 매기는 등, 학교에 대한 서열화 작업이라는 비판에도 불구하고 세간의 관심을 모았다. 1996년에 이루어진 중앙일보의 건축 분야 평가는 교육 여건, 교수진 평가, 학생 부문 평가를 기준으로 삼아 다양한 면모를 보여주었다. 이때 지표로 사용된 개별적인 평가 항목은 〈표 9〉와 같다.

**〈표 9〉 1996년 중앙일보 건축 분야 평가지표**

| 교육여건 | 교수진 평가 | 학생 부문 |
|---|---|---|
| • 교수 1인당 학생 수<br>• 전임이상 교수의 강의 부담률<br>• 유급 조교 확보율<br>• 장학금 수혜율과 1인당 장학금<br>• 학생 1인당 설계실 면적<br>• 학생수 대비 실험실 면적<br>• 전용컴퓨터 보유율<br>• 외부 실무전문가 담당 강좌 비율<br>• 현장실습 | • 교수 1인당 연구비<br>• 최근 5년간 연구 업적(단행본, 연구논문, 권위 있는 상을 수상하고 시공된 설계 작품, 기술개발 실적) | • 졸업생 취업률<br>• 재학생의 설계공모전 입상 비율<br>• 졸업생 대비 건축 관련 기사1급 합격자 비율<br>• 평판도(교육 여건, 교수, 학생수준, 졸업생의 실무 능력, 인성과 품성) |

4 대학교육평가협의회는 1982년 4년제 대학이 회원으로 설치 운영되어 1982년부터 1993년까지는 대학기관평가, 대학종합평가의 명칭으로 각 대학을 평가해 왔으나, 1994년부터 '대학종합평가인정제'로 전환하였고, 1992년부터는 학문분야평가인정제를 실시, 대학종합평가와 병행하고 있다.

한국대학교육협의회의 학문분야평가는 중앙일보와는 차별되는 기준으로 진행되었는데, 1992년 평가를 시작한 이후 건축 계열의 경우 1998년 시행 예정이던 것이 IMF 관리체제로 미루어져 학문분야평가인정제의 명칭으로는 처음으로 2000년에 법학 분야와 함께 건축 분야에 대한 평가가 이루어졌다. 전국의 4년제 건축 관련 학과 개설 대학 중 3회 이상 졸업생을 배출한 대학으로 한정하여 신청을 받아 67개(국공립 21개 대학, 사립 46개 대학) 대학에 대해 평가를 진행하였으며, 각 대학별로 교육체제의 변화가 일어나고 있는 시점임을 고려하여 종합 순위는 밝히지 않았다.

1999년 12월에 공개된 건축(공)학 분야 평가 편람에서는 평가 기준을 교육목표, 교육과정 및 수업, 교수, 교육여건 및 지원체제, 교육성과로 세분하였는데, 교육과정과 수업에 대한 평가는 이전의 평가지표와는 다른 교육의 질에 대한 평가여서 일괄적인 정량적 평가에 정성적 평가의 요소를 가미한 노력을 보여준다.

이러한 한국대학교육협의회의 대학 및 학문분야평가는 평가 항목별 순위를 발표한 중앙일보 평가와 더불어 진학 지도를 기대하는 예비 건축인들의 관심을 모으는 장치로 인식되었다. 이에 학교간의 경쟁이 과열되면서 평가 기준에 대한 비판이 나타나기도 하고, 평가 대상이 되는 자체를 거부하는 집단 움직임이 나타나기도 하면서 건축 교육의 질을 평가하는 잣대가

건축(공)학 분야 평가를 위한 지침 자료(1999)

〈표 10〉 1999년 한국대학교육협의회 건축 분야 평가지표

| | |
|---|---|
| 교육목표 | • 교육목표의 국가와 지역사회의 요구에 부합 여부<br>• 학생의 기대와 진로에 부합 여부<br>• 교육목표에 프로그램의 발전계획에 따른 특성화 방향 반영 여부 |
| 교육과정 및 수업 | 1. 교육과정의 편성<br>특성화의 적합성/ 교육과정 개선노력 및 내용 |
| | 2. 교육과정의 운영<br>전공교과 이수실태의 적절성/ 전공 관련 교양교과의 이수실태 |
| | 3. 전공교과의 수업<br>수업계획서 작성활용/ 수업내용과 수준/ 교수방법의 적절성/ 학습평가의 합리성/ 수업집단 규모의 적절성/ 수업평가와 수업개선에의 활용 |
| 교수 | 1.교수의 확보와 구성<br>학문분야 전임교수 수/ 전공분야별 전임교수 구성의 합리성/ 전임교수의 출신대학 분포 |
| | 2. 교수의 연구와 봉사<br>연구논문발표 실적/ 저술 실적/ 학내외 봉사활동 실적 |
| | 3. 교수의 수업부담<br>담당 과목수와 수업 시간수/ 조교활용/ 비전임교수의 활용 |
| | 4. 학생지도<br>오리엔테이션 프로그램/ 학생상담 및 진로지도/ 전공 관련 동아리지도 |
| 교육여건 및 지원체제 | 1. 교육 기본시설<br>강의실의 확보 및 멀티미디어 수업 시설 등 시설 상태, 실험 실습실의 확보 및 시설 상태, 교육과 연구용 기본시설의 유지관리 정도 |
| | 2. 교육 지원 여건<br>전공 관련 도서 및 자료 확보, 전공 관련 학술지 확보 실적, 교육과 연구지원 전산시스템의 정도 |
| | 3. 실험실습 여건<br>실험실습 기자재의 확보, 실험실습 기자재의 활용도, 실험실습 기자재의 유지관리 상태 |
| | 4. 행정 및 재정지원<br>행정조직과 인력 규모, 관련 규정과 운영 실태, 장단기 발전계획의 실행, 운영비 지원, 학생 대상 장학금지급 제도와 실적 |
| 교육성과 | 1. 취업 및 진로<br>졸업생의 전체 취업실적, 졸업생의 전공분야 진학, 취업실적 |
| | 2. 자격취득 및 수상<br>졸업생의 전공 관련 자격취득 실적, 재학생의 전공 관련 수상 실적 |

기존의 건축공학과 건축학이 섞여있던 시대의 평가와는 달라져야 한다는 목소리가 커지게 되었다.

이러한 평가제도의 정착과 더불어 교육부의 특성화 대학 지원제도, 두뇌한국(Brain Korea, BK) 지원제도는 그동안 큰 틀에서 국공립과 사립이라는 태생적 차이에서만 드러나던 대학 간의 예산 문제를 차별화된 방향으로 지원할 수 있게 전환하는 계기가 되었고, 몇몇의 지원받은 대학에서는 큰 도약의 발판으로 활용되기도 하였다. 이러한 다양한 척도의 평가 작업은 교수확보와 시설개선, 연구실적 증가 등 건축 전공을 개설하고 있는 대학들에 많은 영향을 가져왔고, 인증제도 도입이라는 큰 물결 앞에 경쟁력을 갖출 수 있는 준비를 시키는 역할도 감당하였다.

## 8. 결론

1990년대 우리나라의 건축 교육은 그동안 지속되어 오던 한국형 건축 교육의 틀을 깨고 국제화라는 현실을 적극 수용하여 많은 변화를 맞이한 것으로 평가할 수 있다.

양적으로 크게 성장한 외형에 걸맞는, 내실 있는 교육으로 발돋움하려는 제도권 내의 노력과 병행하여 대안적인 디자인캠프, 워크샵 등 교육과정과는 별도의 다양한 기회가 마련됨으로써 학생들의 적극적인 참여로 그 가치를 확인하게 되고, 실무 건축가가 자연스럽게 건축 교육에 참여하게 되면서 점차 새로운 설계 교육의 색채를 만들어가게 되었다. 학부제의 시행으로 전공의 정체성이 흔들리게 되면서 교육 기준에 대한 논의가 활기를 띠게 되었고, 90년대 후반에는 국제화시대의 전문가 자격과 관련된 교육 요건이 강화되면서 반세기 이상 함께 교육되던 건축공학과 건축학이 별도의 전공으로 나뉘어졌다. 새로워진 학제와 환경에서 각 대학들이 교육의 질을 검증하기 위한 인증제도, 평가제도에 익숙해지게 되고, 특성화라는 시대적 요구를 수용하여 관 차원의 차별화된 지원에서 우위를 점하기 위한 경쟁체제로 들어서게 된 것도 모두 이 시기에 일어난 변화들이다.

**참고문헌**


- 교육부, 대학교육개혁 추진 심포지엄, 한국대학교육협의회, 1996.12, 자료.
- 대한건축학회, 건축교육내실을 위한 방안모색, 건축교육위원회, 1993.11.
- 대한건축학회, 건축교육백서, 1994.
- 대한건축학회, 건축교육개혁을 위한 실천적 방안, 창립 50주년 기념학술회의, 1996. 03.
- 대한건축학회, 전국대학 건축 관련학과 명부, 2001.
- 대한건축학회, 21세기를 향한 우리나라 건축교육제도 개선에 관한 포럼자료집, 1998.10.
- 대한건축학회, 건축교육 및 건축사제도 개선을 위한 공청회 자료집, 1999.11(1차), 2000. 1(2차).
- 대한건축학회, 특집 : 대학평가, 建築, Vol.44 No.6, 2000.6.
- 대한건축학회, 특집 : 건축사자격제도 개선방안에 관한 연구, 建築, Vol.44 No.3, 2000.3.
- 한국대학교육협의회, 건축(공)학과 교육프로그램 개발연구, 1990.10.
- 한국대학교육협의회, 1999년도 대학학문분야 평가인정제 시행을 위한 건축(공)학 분야 평가편람, 1999.12.
- Korean Institute of Registered Architects, ARCASIA Forum 10-ACAE Workshop, Standards and Systems for Accreditation, 1999. 9.

1990년–2000년

# |3장| 건축 관련 법령: 우리나라 건축법의 변천

**최찬환** | 서울시립대학교, 건축학부 교수

## 1. 개요

1990년에서 2000년까지의 건축법은 건축법과 관련법에서의 개정을 포함하여 22회 개정되었다. 이 중 건축법에 의한 개정이 8회, 관련법의 개정으로 인한 건축법 부분 개정이 14회 이루어졌다.

특히 「건축법」이 1962년 제정된 이래 1991년 5월 31일 전문 개정된 것을 비롯하여, 1999년 2월 8일 정부의 「규제개혁완화정책」에 따라 건축법의 상당 부분이 삭제되는 등 많은 내용이 개정되었다.

이 시기에 「건축법」이 개정된 연도를 살펴보면 다음과 같다.

**〈표 1〉 건축법에 의한 개정**(8회)

| | | | |
|---|---|---|---|
| 1995년 1월 5일 | 법률 제04919호 | 1991년 5월 31일 | 법률 제04381호 |
| 1995년 12월 30일 | 법률 제05139호 | 1997년 12월 13일 | 법률 제05450호 |
| 1997년 12월 13일 | 법률 제05453호 | 1997년 12월 13일 | 법률 제05454호 |
| 1999년 2월 8일 | 법률 제05895호 | 2000년 1월 28일 | 법률 제06247호 |

〈표 2〉 관련법에 의한 개정(14회)

| | | | |
|---|---|---|---|
| 1991년 3월 8일 | 법률 제04364호 | 1993년 8월 5일 | 법률 제04572호 |
| 1994년 12월 22일 | 법률 제04816호 | 1995년 12월 29일 | 법률 제05109호 |
| 1995년 12월 29일 | 법률 제05111호 | 1995년 12월 29일 | 법률 제05116호 |
| 1996년 12월 30일 | 법률 제05230호 | 1996년 12월 31일 | 법률 제05240호 |
| 1997년 8월 28일 | 법률 제05386호 | 1997년 8월 28일 | 법률 제05395호 |
| 1999년 1월 21일 | 법률 제05656호 | 1999년 2월 8일 | 법률 제05827호 |
| 1999년 2월 8일 | 법률 제05864호 | 1999년 2월 8일 | 법률 제05868호 |

이상과 같이 건축법과 관련법에 의한 개정으로 「건축법」은 상당한 변화를 맞이했다. 특히 「건축법」 제정 이후, 이 시기에 처음으로 전문 개정이 이루어진 점을 눈여겨 볼만하며, 변천의 내용에서는 「건축법」에 의한 개정을 중심으로 알아보도록 한다.

## 2. 변천 내용

앞에서 언급한 바와 같이 이 시기에 건축법의 전문 개정과 몇 번의 부분 개정이 이루어졌다. 이를 3단계로 분류해 보면 전문 개정과 일부 개정으로 구분하고, 일부 개정 중 정부의 「규제완화정책」으로 「건축법」의 상당 부분이 삭제된 1999년 2월 8일 개성으로 나눌 수 있다. 이들 개정 내용을 구체적으로 살펴보면 다음과 같다.

## 2.1 건축법의 전면 개정

1962년 「건축법」을 제정한 이래 전문 개정까지 15회(관련법에 의한 개정 포함)에 걸쳐 부분적으로 개정하여 왔으나, 경제 · 사회 각 분야의 자율화 · 민주화 추세에 부응하기 위하여 현행 규정을 전반적으로 재정비하여 규제 위주적 성격과 경직된 운영을 탈피하고, 절차 간소화를 통한 국민 편익을 증진하며, 창의적인 건축 활동과 도시의 효율적인 이용 · 개발을 촉진하려는 취지에서 전면 개정을 하게 되었다. 그 주요 내용은 건축물의 높이 제한 등 주요 건축 기준에 대한 조례의 제정 범위를 8종에서 20종으로 확대하고, 대형 고층 건축물의 건축허가 시 도시 미관의 증진을 위하여 시행되고 있는 사전심의절차를 발전시켜 일정한 용도 및 규모 이상의 대형 건축물을 건축하고자 하는 건축주는 건축허가를 신청하기 전에 자기의 건축에 관한 계획에 구체적인 사항에 대하여 미리 사전결정을 신청할 수 있도록 하였다. 또한 건축허가 및 사용검사 시 일괄 처리되는 다른 법률상의 인 · 허가 사항을 6종에서 17종으로 확대함으로써 인 · 허가 절차에 따른 편익을 증진시켰으며, 공사 중에 발생하는 경미한 허가 · 신고사항이 변경될 때마다 허가를 받아야 했던 기존의 절차를, 사용검사 시 일괄 처리하도록 절차를 간소화하였다. 그리고 시장 · 군수 · 구청장의 건축허가는 건설부장관만이 제한할 수 있도록 하고 있으나, 시 · 도지사도 지역계획 · 도시계획 · 문화재보존 또는 환경보전에 필요한 경우에는 그 건축허가를 제한할 수 있도록 하여 지방자치단체에게 많은 권한을 위임하였다. 또한 단독주택 등 소규모 건축물에 한하여 현장 조사 및 검사 등의 업무를 건축사가 대행하던 것을 그 대행

범위를 확대하여 건축사협회 등 민간전문기관도 수행할 수 있도록 확대하였으며, 시장 · 군수 · 구청장은 위반 건축물 등에 대한 시정 명령을 받은 후 시정 기간 내에 당해 시정 명령을 이행하지 아니한 건축주 등에 대하여는 최초의 시정 명령이 있는 날을 기준으로 하되 1년에 2회 이내의 범위 안에서 당해 시정 명령이 이행될 때까지 반복하여 이행강제금을 부과 · 징수할 수 있도록 하여 사전에 위반 건축물이 발생하지 못하도록 하는 제도가 시행되었다.

건축법 조문의 배열을 상세히 보면 전문 개정(1991년 5월 31일)과 그 이전을 비교해서 큰 차이를 보이는 것은 우선 법조문이 개정 전에는 제 59조로 끝났으나 전문 개정으로 제 83조로 크게 늘어났는데, 이는 법조문을 새롭게 장별로 정리하는 과정에는 증가했기 때문이다.

전문 개정으로 우선 새롭게 눈에 띄는 것은 건축에 관한 계획의 사전결정(제7조)에 대한 부분과 건축허가(제8조)와 건축신고(제9조)의 분리, 그리고 도시설계규정(제60조~제66조)과 이행강제금(제83조) 등의 신설이 포함되어 있다.

건축법 전면 개정(1991년 5월 31일)은 건축법이 제정된 이래 처음으로 전면 개편된 것으로 건축법규에서 사용되어 오던 법률용어도 상당 부분 순화시켰으며, 무엇보다 장별 구분 특성에 따른 동일 규정 내용으로 정리하여 보다 쉽게 이해할 수 있도록 개편한 것을 특징으로 볼 수 있다.

〈표 3〉 1991년 5월 31일 전문 개정 전 · 후의 조문 목록 비교

| 전문 개정 전 | 전문 개정 시 |
|---|---|
| 제1조 목적 | 제1조 목적 |
| 제2조 용어의 정의 | 제2조 정의 |
| 제3조 적용에서의 제외 | 제3조 적용제외 |
| 제4조 권한의 위임 | 제4조 건축위원회 |
| 제5조 건축허가 | 제5조 적용의 특례 |
| 제6조 건축물의 설계 및 공사감리 등 | 제6조 다른 법령의 배제 |
| 제7조 준공검사 등 | 제7조 건축에 관한 계획의 사전결정 |
| 제7조의2 중간검사 | 제8조 |
| 제7조의3 건축물의 유지관리 | 제9조 |
| 제8조 공용건축물에 대한 특례 | 제10조 허가 · 신고사항의 변경 |
| 제8조의2 도심부내의 건축물에 대한 특례 | 제11조 건축허가의 수수료 |
| 제9조 대지의 안전등 | 제12조 건축허가의 제한 |
| 제9조의2 토지굴착부분에 대한 정리 등 | 제13조 재해구역에서의 건축제한 |
| 제10조 구조내력 | 제14조 용도변경 |
| 제11조 대규모 건축물의 주요 구조부 | 제15조 가설건축물 |
| 제12조 | 제16조 착공신고 등 |
| 제13조 | 제17조 중간검사 |
| 제14조 | 제18조 건축물의 사용검사 |
| 제15조 대규모의 목조건축물의 외벽 등 | 제19조 건축물의 설계 |
| 제16조 방화벽 | 제20조 설계도서의 관리 |
| 제17조 건축물의 내화구조 | 제21조 건축물의 공사감리 |
| 제18조 거실의 채광 및 환기 | 제22조 허용오차 |
| 제19조 | 제23조 현장조사 · 검사 및 확인업무의 대행 |
| 제20조 변소 | 제24조 공사현장의 위해방지 |
| 제21조 피뢰설비 | 제25조 공용건축물에 대한 특례 |
| 제22조 승강기 | 제26조 건축물의 유지 · 관리 |
| 제22조의2 비상급수설비의 설치 | 제27조 건축물의 철거 등의 신고 |
| 제22조의3 지하층의 설치 | 제28조 건축지도원 |
| 제23조의3 지하층의 설치 | 제29조 건축물대장 |
| 제23조 피난시설 및 소화설비 등의 기준 | 제30조 대지의 안전등 |
| 제23조의2 건축물의 내장 | 제31조 토지굴착부분에 대한 조치 등 |
| 제23조의3 온돌의 구조 등 | 제32조 대지안의 조경 |
| 제23조의4 건축물에 있어서의 열손실 방지 | 제33조 대지와 도로의 관계 |
| 제24조 대통령령에의 위임 | 제34조 도로안의 건축제한 |
| 제25조 건축 재료의 품질 | 제35조 도로의 폐지 또는 변경 |
| 제26조 재해위험구역 | 제36조 건축선의 지정 |
| 제27조 대지와 도로와의 관계 | 제37조 건축선에 의한 건축제한 |
| 제28조 도로내의 건축제한 | 제38조 구조내력 등 |
| 제29조 도로의 폐지 또는 변경 | 제39조 건축물의 피난시설 · 용도제한 등 |
| 제30조 건축선의 지정 | 제40조 건축물의 내화구조 및 방화벽 |
| 제31조 건축선에 의한 건축제한 | 제41조 방화지구안의 건축물 |
| 제31조의2 | 제42조 건축재료의 품질 |

제32조 지역 내에서의 건축물
제33조 지구 내에서의 건축물
제33조의2 특정가구정비지구 내에서의 건축물
제33조의3 절차 등
제34조
제35조 방화지구내의 건축물
제36조 방화지구내의 지붕, 방화문 및 인지경계선에 접하는 외벽
제37조 방화지구내외에 걸칠 때의 조치
제38조 취락지역 안에서의 건축물
제39조 건폐율
제39조의2 대지면적의 최소한도
제40조 용적률
제41조 건축물의 높이 제한
제41조의2 대지안의 공지
제42조 위반건축물에 대한 시정명령 등
제42조의2 기존 건축물에 대한 시정명령
제42조의3 청문
제43조 보고 및 검사 등
제44조 감독
제44조의2 건축위원회
제45조 승인 및 인가
제46조 재해구역에서의 건축제한
제47조 가설건축물
제48조 용도변경
제49조 옹벽 및 공작물 등에의 준용
제50조 표지의 설치 등
제51조 공사현장의 위해의 방지
제52조 건축물의 대지가 구역, 지역 또는 지구의 내외에 걸칠 때의 조치
제53조 면적, 높이 및 층삭의 산정
제53조의2 다른 법령의 배제
제53조의3 다른 법령의 배제
제53조의4 다른 법령의 배제
제53조의5
제53조의6
제53조의7 적용의 특례
제54조 벌칙
제55조 벌칙
제56조 벌칙
제56조의2 과태료
제57조 양벌규정
제58조
제59조

제43조 건축물의 내부 마감재료
제44조 지하층의 설치
제45조 지역 및 지구 안에서의 건축물의 건축
제46조 건축물의 대지가 지역 · 지구 또는 구역에 걸치는 경우의 조치
제47조 건폐율
제48조 용적률
제49조 대지면적의 최소한도
제50조 대지안의 공지
제51조 건축물의 높이제한
제52조 높이제한의 완화구역
제53조 일조 등의 확보를 위한 건축물의 높이제한
제54조 재해위험구역
제55조 건축설비기준 등
제56조 온돌의 구조 등
제57조 승강기
제58조 비상급수설비의 설치
제59조 건축물의 열손실방지
제60조 도시설계
제61조 도시설계지구
제62조 도시설계의 작성
제63조 도시설계의 재정비
제64조 특별개발사업구역 안에서의 계획적 개발
제65조 특정가구정비지구 안에서의 건축물
제66조 특정가구정비사업의 절차 등
제67조 공개공지 등의 확보
제68조 감독
제69조 위반건축물 등에 대한 조치 등
제70조 기존건축물에 대한 시정명령
제71조 권한의 위임
제72조 옹벽등 공작물에의 준용
제73조 면적 · 높이 및 층삭의 산정
제74조 행정대집행법의 적용의 특례
제75조 청문
제76조 보고 및 검사 등
제77조 벌칙적용에 있어서의 공무원의제
제78조 벌칙
제79조 벌칙
제80조 벌칙
제81조 양벌규정
제82조 과태료
제83조 이행강제금

## 2.2 건축법의 일부 개정

### 2.2.1 법률 제04919호(1995년 1월 5일)

법률 제04919호에 의해 1995년 1월 5일부로 개정된 건축법의 내용을 보면 건축물의 건축에 따른 민원을 해소하기 위하여 건축 절차를 대폭 간소화하는 한편, 건축물의 품질향상을 위하여 공사감리제도를 보완하고, 부실설계 · 시공 · 감리에 대한 벌칙을 강화하는 내용을 담고 있다.

지금까지는 건축허가를 신청할 때 건축물의 구조 · 설비 등 기술적인 사항까지 표시된 설계도서를 제출하도록 하였으나, 개정 이후는 기본설계도면만을 제출하도록 하여 건축물의 입지 · 용도 · 규모 등에 관한 사항만을 검토한 후 허가하도록 하고, 기술적인 사항은 당해 건축물을 설계한 건축사가 확인하여 착공신고 시 제출하도록 하였으며, 건축물의 시공 중에 실시하고 있는 현행 중간검사제도를 폐지하는 대신 공사 감리자가 감리중간보고서를 작성하여 제출하도록 하였다.

또한 공사가 완료되어 건축물을 사용하고자 하는 경우 공무원이 현장을 확인한 후 검사필증을 교부하는 현행 사용검사제도를 앞으로는 감리완료보고서를 제출하도록 하여 이에 따라 허가권자가 사용 승인을 할 수 있도록 건축허가와 관련된 절차를 간소화하였다.

그리고 건설업법의 규정이 적용되지 않는 소규모 건축공사의 건축주는 현장 관리인을 지정하여 착공신고서에 기재하도록 하고, 현장 관리인에게도 공사 시공자로서의 책임과 권한을 부여하여 규모 건축공사의 견실 시공을 유도하도록 하였다. 공사 감리자는 공사 시공자가 위법 · 부실 시공을 하는 경우 시정 또는 재시공을 지시할 수 있도록 하여 위법 · 부실 시공에 신속히 대응할 수 있도록 하고, 공사 시공자에게 상세 시공 도면의 작성을 요청할 수 있도록 하여 건축물의 부실시공 및 감리를 강화하였다.

이와 함께 건설부장관이 지정하는 연구기관 · 학술단체 등이 건축물의 구조 · 설비 등에 관한 새로운 기술적 기준을 건설부장관의 인가를 받아 정할 수 있도록 하였으며, 건축물의 설계 · 시공 등과 관련된 분쟁을 효율적으로 처리하기 위하여 시 · 도 및 시 · 군 · 구에 '건축분쟁조정위원회'를 설치하도록 하여 건축물의 건축에 따른 민원을 원활히 해소할 수 있도록 하는 내용으로 개정되었다.

1995년 1월 5일 건축법 개정으로 신설되거나 삭제되는 중요 내용을 간추려보면 다음과 같다.

**〈표 4〉 1995년 1월 5일 개정의 신설 및 삭제 목록 비교**

| 신설내용 | 삭제내용 |
|---|---|
| 제5조의2 (기존건축물에 대한 특례) | 제7조 (건축에 관한 계획의 사전 결정) |
| 제5조의3 (통일성의 유지를 위한 특별시 · 광역시 · 도의 조례) | 제17조 (중간검사) |
| 제9조의2 (건축주와의 계약 등) | |
| 제59조의2 (관계전문기술자) | |
| 제59조의3 (기술적 기준) | |
| 제76조의2 (건축분쟁조정위원회) | |
| 제76조의3 (분쟁의 조정) | |
| 제76조의4 (조사 및 의견청취) | |
| 제76조의5 (조정의 효력) | |
| 제76조의6 (조정의 거부 및 의견청취) | |
| 제76조의7 (비용부담) | |
| 제76조의8 (조정절차) | |

### 2.2.2 법률 제05139호(1995년 12월 30일)

1995년 12월 30일에 개정된 내용은 처벌에 관한 내용으로 건축물의 설계 · 시공이나 공사감리를 부실하게 하여 공중의 위험을 발생하게 한 자에 대한 처벌을 고의에 의한 경우와 업무상 과실에 의한 경우로 구분하여 정하고, 이로 인하여 사상자가 발생한 경우에는 형을 가중하도록 하여 공중의 안전을 확보하고 건축공사가 건실하게 이루어지도록 하기 위해서이다.

따라서 법 규정을 위반하여 건축물의 설계 · 시공 및 감리를 함으로써 건축물의 구조상 주요 부분에 손괴를 야기하여 공중의 위험을 발생하게 한 자는 10년 이하의 징역에 처하고, 사람을 사상에 이르게 한 자는 무기 또는 3년 이상의 징역에 처하도록 하며, 업무상 과실로 제77조의2의 죄를 범한 자는 5년 이하의 징역이나 금고 또는 5천만 원 이하의 벌금에 처하고, 사람을 사상에 이르게 한 자는 10년 이하의 징역이나 금고 또는 1억 원 이하의 벌금에 처하도록 하였다.

또한 법인의 대표자, 법인 또는 개인의 대리인 · 사용인 등이 위반 행위를 했을 경우 행위자를 벌하는 외에 법인 또는 개인에 대하여도 최고 10억 원의 벌금에 처하도록 개정하였다.

**〈표 5〉 1995년 12월 30일 개정의 신설 및 삭제 목록 비교**

| 신설내용 | 삭제내용 |
|---|---|
| 제77조의2 (벌칙)<br>제77조의3 (벌칙) | 제79조 (벌칙) : 3의2호 삭제됨 |

### 2.2.3 법률 제05450호(1997년 12월 13일)

법률 제05450호의 내용은 건축법에 의하여 허가를 받지 아니하고 용도변경 행위를 한 경우 이를 처벌하도록 하면서 그 구성 요건이 되는 용도변경 허가행위를 법률에 규정하지 아니하고 대통령령으로 정하도록 한 것은 백지 위임에 해당되어 죄형법정주의를 규정한 헌법 제12조 제1항 후단 및 제13조 제1항 전단과 위임 입법의 한계를 규정한 헌법 제75조에 위배된다는 이유로 1997년 5월 29일에 위헌 판결을 받은 부분을 개정하려는 것이다. 또한 건축법 제14조의 규정에 건축물의 용도 변경 시 허가를 받도록 법률에 명문화하고 벌칙 규정에 명시하는 한편, 현재 이와 유사한 규정으로서 위헌의 소지가 있는 동법 제26조(건축물의 유지 · 관리) 및 제72조(옹벽 등 공작물에의 준용)의 규정도 적용 범위와 위임 내용 등을 구체화하기 위하여 개정되는 것이다. 이들의 주요 골자를 보면 건축물의 용도 변경 시 허가를 받아야할 대상 건축물을 명문화하고 이 경우 준용하여야 할 법률의 규정을 명시(법 제14조)하고, 건축물의 적절한 유지 · 관리를 위하여 건축물의 소유자 · 관리자가 지켜야 할 대지의 안전, 구조, 설비 등의 기준을 구체화(법 제26조)하였으며, 옹벽 등 공작물을 축조하는 경우 신고를 하도록 하고 공작물에 적용되어야 하는 법률의 규정(법 제72조)과 허가를 받지 아니하고 용도 변경을 하거나, 신고를 하지 아니하고 공작물을 축조하는 경우 이에 대한 벌칙 적용 규정을 명확히 함(법 제78조 및 제79조)을 포함하고 있다.

### 2.2.4 법률 제05454호(1997년 12월 13일)

법률 제05454호로 개정된 내용은 현행 법률 중에는 정부조직법의 개정에 의하여 부처의 명칭이 변경되었음에도 변경되기 전의 부처 명칭을 그대로 사용하고 있거나 어느 한 법률의 개정으로 조문 위치 등이 변경되었음에도 변경되기 전의 조문을 그대로 인용하는 경우 등이 있어 법령을 집행하는 공무원이나 국민이 법 규정에 대하여 혼란을 일으키고 법령의 내용을 쉽게 파악하기 곤란한 사례가 발견되고 있다. 이에 법률 제05454호는 법 규정에 대한 국민의 오해와 법령 내용 파악의 곤란을 해소하고 법령에 대한 국민의 신뢰를 높이기 위하여 관련법 규정을 일괄하여 정비하는 것을 기본 취지로 한다.

따라서 정부조직법의 개정으로 부처 명칭이 변경된 후에도 종전의 부처 명칭을 계속 사용하고 있는 규정을 정비하고, 법률의 개정 등으로 법률의 제명이나 조문 위치가 변경되었음에도 종전의 제명 또는 조문을 계속 인용하고 있는 규정도 함께 정리하며, 종전의 직할시를 계속 사용하고 있는 규정을 광역시로 정비하였다.

그리고 법률의 개정 등으로 기관이나 단체의 명칭이 변경되었음에도 종전의 기관 또는 단체의 명칭을 계속 사용하고 있는 규정을 변경된 기관 또는 단체의 명칭으로 정비하도록 개정되었다. 예를 들면 건설부장관은 건설교통부장관으로 하고, 건설부령이 건설교통부령이 되며, 건설업법이 건설산업기본법으로 바뀌게 되었다.

### 2.2.5 법률 제05895호(1999년 2월 8일)

법률 제05895호로 개정된 건축법(1999년 2월 8일)의 특징은 정부의 규제 완화 정책의 일환으로 개정된 것으로, 건축법의 상당한 규정을 삭제하였다. 그 내용을 보면 대지 면적의 최소한도, 인접대지 경계선으로부터의 이격 거리, 지하층 설치 의무 등 국민에게 과도한 부담을 주는 규제를 폐지하고, 건축물의 용도 변경을 허가제에서 신고제로 전환하는 등 건축 관련 절차를 간소화하는 한편, 택지개발예정지구 · 개발제한구역 등에서 건축할 때에는 건축물의 북쪽을 띄우는 대신 남쪽을 띄울 수 있도록 하는 등 각종 건축 규제를 국민 편의 위주로 개선하였다. 주요 골자로는 도시 미관 등에 의한 건축허가제한, 대지면적의 최소한도, 인접대지 경계선으로부터의 이격 거리, 지하층 설치 의무, 현장 관리인 제도 등의 규제를 폐지(현행 제8조 제4항, 제13조, 제19조의 2, 제20조, 제34조, 제42조, 제56조, 제58조 및 제64조 삭제)하고, 건축 행정의 투명성을 확보하기 위하여 관계 행정 기관의 장은 관계 법령에 규정된 건축 기준을 건설교통부장관에게 통보하도록 하고, 건설교통부장관은 이를 통합하여 고시(법 제8조 제9항 및 제10항)하도록 하였으며, 건축물의 용도 변경에 관한 민원을 해소하기 위하여 건축물의 용도 변경을 허가제에서 신고제로 전환하고, 경미한 용도 변경은 신고 없이 자유로이 행할 수 있도록(법 제14조 제2항)하였다.

또한 종전에는 건축물을 건축할 때에는 정북 방향의 대지경계선으로부터 일정 거리 이상을 띄우도록 하던 것을, 앞으로는 택지개발예정지구 · 토지구획정리사업시행지구 · 재개발구역 등에서 건축물을 건축하는 경우와 정북 방향에 접한 대지의 소유자와 합의한 경우에는 정남 방향으로 띄워서 건축할 수 있도록 함(법 제53조 제4항)으로써 필요에 따라 정남 · 북방향으로 일정 거리를 띄울 수 있도록 하였다.

〈표 6〉 1999년 2월 8일 개정의 신설 및 삭제 목록 비교

| 신설내용 | 삭제내용 |
|---|---|
| 제2조 (정의) 2항인 건축물의 용도 | 제13조 (재해구역에서의 건축제한) |
| 제25조의2 (건축통계 등) | 제34조 (도로안의 건축제한) |
| 제25조의3 (건축행정전산화) | 제42조 (건축 재료의 품질) |
| 제25조의4 (건축종합민원식의 설치) | 제50조 (대지안의 공지) |
| 제29조의2 (등기촉탁) | 제56조 (온돌의 구조 등) |
| 제60조의2 (도시설계구역의 지정) | 제64조 (특별개발사업구역 안에서의 계획적 개발) |
| 제62조의2 (도시설계의 변경) | 제65조 (특정개발사업구역 안에서의 계획적 개발) |
| | 제66조 (특정가구정비지구 안에서의 건축물) |

2.2.6 법률 제06247호(2000년 1월 28일)

2000년 1월 28일 개정된 내용은 도시계획법의 개정에 따라 관계 조문을 정리하는 한편, 연면적 85m² 이하인 주거용 건축물로서 대통령령이 정하는 경우에는 이행강제금 부과금액의 1/2의 범위 안에서 지방자치단체의 조례가 정하는 금액을 부과할 수 있도록 개정하였다.

우선 개정된 내용은 제47조(건축물의 건폐율)와 제48조(건축물의 용적률)가 도시계획법 개정에 따라 일부 개정되었고, 제45조(지역 및 지구 안에서의 건축물의 건축), 제60조(도시설계), 제60조의2(도시설계 구역의 조정), 제61조(도시설계구역 안에서의 건축), 제62조(도시설계의 작성), 제62조의2(도시설계의 변경), 제63조(도시설계의 재정비) 등이 도시계획법으로 이관되면서 건축법에서 삭제되었다.

## 3. 결론

앞에서 살펴본 바와 같이 이 시기는 건축법이 제정된 이래 1991년 처음으로 전문 개정되었으며, 1999년에는 정부의 규제개혁 완화정책에 따라 많은 부분이 삭제되는 변화를 가져왔다. 또한, 관련 법령의 제정과 폐지 등으로 부분적으로 건축법이 개정되었음을 알 수 있다.

최근에는 그동안 건축법에서 삭제되었던 대지안의 공지규정 등과 일조환경기준의 개선, 건축면적 및 바닥면적 선정시 불합리한 점 등을 개선하기 위한 방안 등을 마련하고 있다.

## 찾 아 보 기

**|편집위원|**



**|사진 · 자료|**

(사)한국건축가협회

## 한국현대건축총람 · 건축가(1990~1999)

**초판 1쇄 인쇄** 2010년 2월 22일
**초판 1쇄 발행** 2010년 2월 26일
**지은이** (사)한국건축가협회
**펴낸이** 김호석
**펴낸곳** 도서출판 대가
**등록** 제 311-47호
**주소** 서울시 마포구 상수동 6-1 대한실업빌딩 301호
**전화** (02) 305-0210/306-0210
**팩스** (02) 305-0224
**전자우편** dga1023@hanmail.net
**홈페이지** www.bookdaega.com
**디자인** f205

**가격** 25,000원
ISBN 978-89-6285-035-2 93500